U0270821

工业机器人操作与运维
自学·考证·上岗一本通

韩鸿鸾　王雨英　董丽娜　阮洪涛　编著

| 初级 |

化学工业出版社

·北京·

内 容 简 介

该书是基于"1＋X"的上岗用书，根据"工业机器人操作与运维职业技能等级标准（初级）"要求而编写。

本书主要包括工业机器人操作与运维概述、工业机器人操作与运维基础、工业机器人的安装、工业机器人的维护和ABB工业机器人的操作等内容。

本书适合工业机器人操作与运维职业技能岗位（初级）考证使用，也适合企业中工业机器人操作与运维初学者学习参考。

图书在版编目（CIP）数据

工业机器人操作与运维自学·考证·上岗一本通：初级/韩鸿鸾等编著. —北京：化学工业出版社，2022.7
ISBN 978-7-122-41167-9

Ⅰ.①工… Ⅱ.①韩… Ⅲ.①工业机器人-操作-资格考试-自学参考资料 Ⅳ.①TP242.2

中国版本图书馆 CIP 数据核字（2022）第 059545 号

责任编辑：王　烨　　　　　　　　　　文字编辑：袁　宁
责任校对：李雨晴　　　　　　　　　　装帧设计：刘丽华

出版发行：化学工业出版社（北京市东城区青年湖南街13号　邮政编码100011）
印　　装：大厂聚鑫印刷有限责任公司
787mm×1092mm　1/16　印张14½　字数360千字　2022年9月北京第1版第1次印刷

购书咨询：010-64518888　　　　　　　售后服务：010-64518899
网　　址：http://www.cip.com.cn
凡购买本书，如有缺损质量问题，本社销售中心负责调换。

定　　价：79.80元

前言

国务院印发的《国家职业教育改革实施方案》提出,从 2019 年开始,在职业院校、应用型本科高校启动"学历证书 + 若干职业技能等级证书"制度试点(以下称 1 + X 证书制度试点)工作。

1 + X 证书制度是深化复合型技术技能人才培养培训模式和评价模式改革的重要举措,对于构建国家资历框架等也具有重要意义。职业技能等级证书是 1 + X 证书制度设计的重要内容,是一种新型证书,不是国家职业资格证书的翻版。与教育部、人社部两部门目录内职业技能等级证书具有同等效力,持有证书人员享受同等待遇。

这里的"1"为学历证书,指学习者在学制系统内实施学历教育的学校或者其他教育机构中完成了学制系统内一定教育阶段学习任务后获得的文凭。

"X"为若干职业技能等级证书,职业技能等级证书是在学习者完成某一职业岗位关键工作领域的典型工作任务所需要的职业知识、技能、素养的学习后,获得的反映其职业能力水平的凭证。从职业院校育人角度看,1 + X 是一个整体,构成完整的教育目标,"1"与"X"作用互补、不可分离。

在职业院校、应用型本科高校启动学历证书 + 职业技能等级证书的制度,鼓励学生在获得学历证书的同时,积极取得多类职业技能等级证书。

本书是基于"1 + X"的上岗用书,根据"工业机器人操作与运维职业技能等级标准(初级)"要求而编写。本书主要内容包括工业机器人操作与运维概述、工业机器人操作与运维基础、工业机器人的安装、工业机器人的维护和 ABB 工业机器人的操作等。

本书由威海职业学院(威海市技术学院)韩鸿鸾、王雨英、董丽娜、阮洪涛编著。本书在编写过程中得到了山东省、河南省、河北省、江苏省和上海市等技能鉴定部门的大力支持,在此深表谢意。

由于时间仓促,编者水平有限,书中缺陷在所难免,敬请广大读者批评指正。

编著者于山东威海

2022 年 6 月

目录

▶ 第3章 工业机器人的安装 / 117

▶ 第4章 工业机器人的维护 / 138

第5章 ABB工业机器人的操作 / 157

参考文献 / 214

附录 / 215

第1章

认识工业机器人

1.1 工业机器人概述

1.1.1 工业机器人的产生

工业机器人的研究工作是 20 世纪 50 年代初从美国开始的。日本、欧洲的研制工作比美国大约晚 10 年。欧洲特别是西欧各国比较注重工业机器人的研制和应用，其中英国、德国、瑞典、挪威等国的技术水平较高，产量也较大。

第二次世界大战期间，由于核工业和军事工业的发展，美国原子能委员会的阿尔贡研究所研制了"遥控机械手"，用于代替人生产和处理放射性材料。1948 年，这种较简单的机械装置被改进，开发出了机械式的主从机械手（见图 1-1）。它由两个结构相似的机械手组成，主机械手在控制室，从机械手在有辐射的作业现场，两者之间有透明的防辐射墙相隔。操作者用手操纵主机械手，控制系统会自动检测主机械手的运动状态，并控制从机械手跟随主机械手运动，从而解决对放射性材料的远距离操作问题。这种被称为主从控制的机器人控制方式，至今仍在很多场合中应用。

由于航空工业的需求，1952 年美国麻省理工学院（MIT）成功开发了第一代数控机床（CNC），并进行了与 CNC 机床相关的控制技术及机械零部件的研究，为机器人的开发奠定了技术基础。

1954 年，美国人乔治·德沃尔（George Devol）提出了一个关于工业机器人的技术方案，设计并研制了世界上第一台可编程的工业机器人样机，将之命名为"Universal Automation"，并申请了该项机器人专利。这种机器人是一种可编程的零部件操作装置，其工作方式为首先移动机械手的末端执行器，并记录下整个动作过程；然后，机器人反复再现整个动作过程。后来，在此基础上，Devol 与 Engerlberge 合作创建了美国万能自动化公司（Unimation），于 1962 年生产了第一台机器人，取名 Unimate（见图 1-2）。这种机器人采用极坐标式结构，外形完全像坦克炮塔，可以实现回转、伸缩、俯仰等动作。

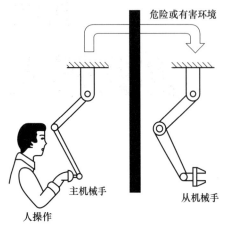

图 1-1　主从机械手

图 1-2　Unimate 机器人

在从 Devol 申请专利到真正实现设想的这 8 年时间里，美国机床与铸造公司（AMF）也在从事机器人的研究工作，并于 1960 年生产了一台被命名为 Versation 的圆柱坐标型的数控自动机械，并以 Industrial Robot（工业机器人）的名称进行宣传。通常认为这是世界上最早的工业机器人。

Unimate 和 Versation 这两种型号的机器人以"示教再现"的方式在汽车生产线上成功地代替工人进行传送、焊接、喷漆等作业，它们在工作中反映出来的经济效益、可靠性、灵活性，令其他发达国家工业界为之倾倒。于是，Unimate 和 Versation 作为商品开始在世界市场上销售。

1.1.2　机器人的分类

机器人的分类方式很多，并已有众多类型机器人。关于机器人的分类，国际上没有制定统一的标准，从不同的角度可以有不同的分类。

按照日本工业机器人学会（JIRA）的标准，可将机器人进行如下分类：

第一类：人工操作机器人。此类机器人由操作员操作，具有多自由度。

第二类：固定顺序机器人。此类机器人可以按预定的方法有步骤地依次执行任务，其执行顺序难以修改。

第三类：可变顺序机器人。同第二类，但其顺序易于修改。

第四类：示教再现（playback）机器人。操作员引导机器人手动执行任务，记录下这些动作并由机器人以后再现执行，即机器人按照记录下的信息重复执行同样的动作。

第五类：数控机器人。操作员为机器人提供运动程序，并不是手动示教执行任务。

第六类：智能机器人。机器人具有感知外部环境的能力，即使其工作环境发生变化，也能够成功地完成任务。

美国机器人学会（RIA）只将以上第三类至第六类视作机器人。

法国机器人学会（AFR）将机器人进行如下分类：

类型 A：手动控制远程机器人的操作装置。

工业机器人操作与运维自学·考证·上岗一本通（初级）

类型 B：具有预定周期的自动操作装置。

类型 C：具有连续性轨迹或点轨迹的可编程伺服控制机器人。

类型 D：同类型 C，但能够获取环境信息。

（1）按照机器人的发展阶段分类

1）第一代机器人——示教再现型机器人

1947 年，为了搬运和处理核燃料，美国橡树岭国家实验室研发了世界上第一台遥控的机器人。1962 年美国又研制成功 PUMA 通用示教再现型机器人，这种机器人通过一个计算机，来控制一个多自由度的机械，通过示教存储程序和信息，工作时把信息读取出来，然后发出指令，这样机器人可以重复地根据人当时示教的结果，再现出这种动作。比方说汽车的点焊机器人，它只要把这个点焊的过程示教完以后，就总是重复这样一种工作。

2）第二代机器人——感觉型机器人

示教再现型机器人对于外界的环境没有感知，这个操作力的大小，这个工件存在不存在，焊接得好与坏，它并不知道，因此，在 20 世纪 70 年代后期，人们开始研究第二代机器人，叫感觉型机器人，这种机器人拥有类似人在某种功能上的感觉，如力觉、触觉、滑觉、视觉、听觉等，它能够通过感觉来感受和识别工件的形状、大小、颜色。

3）第三代机器人——智能型机器人

20 世纪 90 年代以来发明的机器人。这种机器人带有多种传感器，可以进行复杂的逻辑推理、判断及决策，在变化的内部状态与外部环境中，自主决定自身的行为。

（2）按照控制方式分类

1）操作型机器人

能自动控制，可重复编程，多功能，有几个自由度，可固定或运动，用于相关自动化系统中。

2）程控型机器人

按预先要求的顺序及条件，依次控制机器人的机械动作。

3）示教再现型机器人

通过引导或其他方式，先教会机器人动作，输入工作程序，机器人则自动重复进行作业。

4）数控型机器人

不必使机器人动作，通过数值、语言等对机器人进行示教，机器人根据示教后的信息进行作业。

5）感觉控制型机器人

利用传感器获取的信息控制机器人的动作。

6）适应控制型机器人

机器人能适应环境的变化，控制其自身的行动。

7）学习控制型机器人

机器人能"体会"工作的经验，具有一定的学习功能，并将所"学"的经验用于工作中。

8）智能机器人

以人工智能决定其行动的机器人。

（3）按照机器人的运动形式分类

1）直角坐标型机器人

这种机器人的外形轮廓与数控镗铣床或三坐标测量机相似，如图1-3所示。3个关节都是移动关节，关节轴线相互垂直，相当于笛卡儿坐标系的 x、y 和 z 轴。它主要用于生产设备的上下料，也可用于高精度的装卸和检测作业。

2）圆柱坐标型机器人

如图1-4所示，这种机器人以 θ、z 和 r 为参数构成坐标系。手腕参考点的位置可表示为 $P=(\theta，z，r)$。其中，r 是手臂的径向长度，θ 是手臂绕水平轴的角位移，z 是在垂直轴上的高度。如果 r 不变，操作臂的运动将形成一个圆柱表面，空间定位比较直观。操作臂收回后，其后端可能与工作空间内的其他物体相碰，移动关节不易防护。

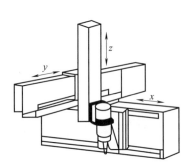

图1-3　直角坐标型机器人

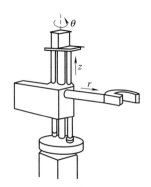

图1-4　圆柱坐标型机器人

3）球（极）坐标型机器人

如图1-5所示，球（极）坐标型机器人腕部参考点运动所形成的最大轨迹表面是半径为 r 的球面的一部分，以 θ、φ、r 为坐标，任意点可表示为 $P=(\theta，\varphi，r)$。这类机器人占地面积小，工作空间较大，移动关节不易防护。

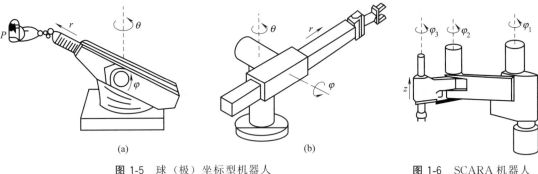

(a)　　　　　　　　　　　　　　(b)

图1-5　球（极）坐标型机器人

图1-6　SCARA 机器人

4）平面双关节型机器人

平面双关节型机器人（selective compliance assembly robot arm，SCARA）有3个旋转关节，其轴线相互平行，在平面内进行定位和定向，另一个关节是移动关节，用于完成末端件垂直于平面的运动。手腕参考点的位置是由两旋转关节的角位移 φ_1、φ_2 和移动关节的位移 z 决定的，即 $P=(\varphi_1，\varphi_2，z)$，如图1-6所示。这类机器人结构轻便、响应快。例如 Adept I 型 SCARA 机器人的运动速度可达 10m/s，比一般关节式机器人快数倍。它最适用于平面定位，而在垂直方向进行装配的作业。

5）关节型机器人

这类机器人由 2 个肩关节和 1 个肘关节进行定位，由 2 个或 3 个腕关节进行定向。其中，一个肩关节绕铅直轴旋转，另一个肩关节实现俯仰，这两个肩关节轴线正交，肘关节平行于第二个肩关节轴线，如图 1-7 所示。这种构形动作灵活，工作空间大，在作业空间内手臂的干涉最小，结构紧凑，占地面积小，关节上相对运动部位容易密封防尘。这类机器人运动学较复杂，运动学反解困难，确定末端件执行器的位姿不直观，进行控制时，计算量比较大。

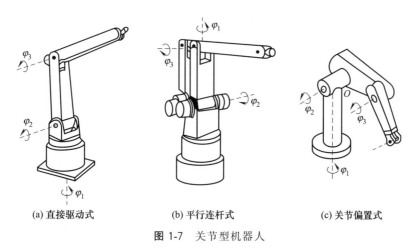

| (a) 直接驱动式 | (b) 平行连杆式 | (c) 关节偏置式 |

图 1-7　关节型机器人

对于不同坐标型的机器人，其特点、工作范围及性能也不同，如表 1-1 所示。

表 1-1　不同坐标型机器人的性能比较

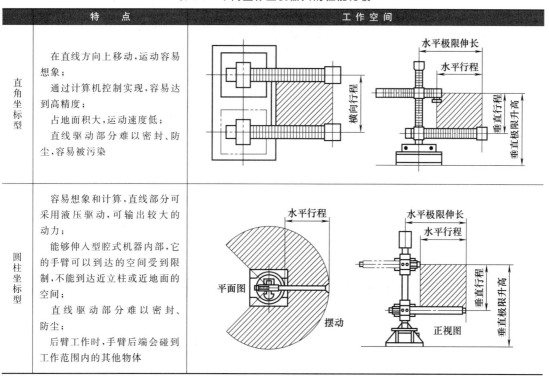

	特 点	工作空间
直角坐标型	在直线方向上移动，运动容易想象； 通过计算机控制实现，容易达到高精度； 占地面积大，运动速度低； 直线驱动部分难以密封、防尘，容易被污染	
圆柱坐标型	容易想象和计算，直线部分可采用液压驱动，可输出较大的动力； 能够伸入型腔式机器人内部，它的手臂可以到达的空间受到限制，不能到达近立柱或近地面的空间； 直线驱动部分难以密封、防尘； 后臂工作时，手臂后端会碰到工作范围内的其他物体	

特　点	工作空间
极坐标型	中心支架附近的工作范围大，两个转动驱动装置容易密封，覆盖工作空间较大；坐标复杂，难于控制；直线驱动装置仍存在密封及工作死区的问题
多关节坐标型	关节全都是旋转的，类似于人的手臂，是工业机器人中最常见的结构；它的工作范围较为复杂
平面关节坐标型	前两个关节（肩关节和肘关节）全都是平面旋转的，最后一个关节（腕关节）是工业机器人中最常见的结构；它的工作范围较为复杂

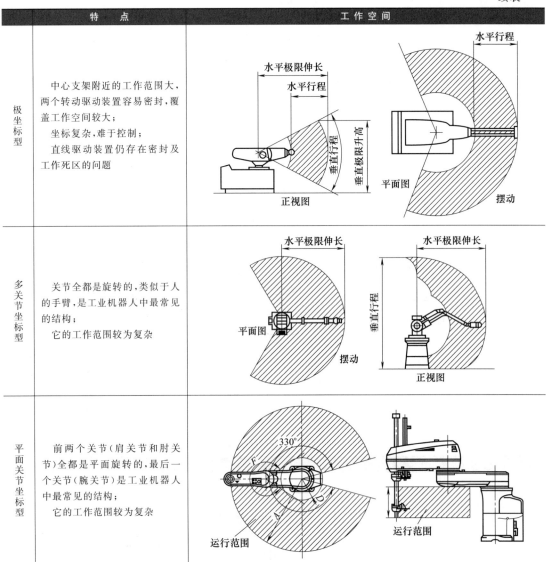

（4）按照机器人移动性来分类

可分为半移动式机器人（机器人整体固定在某个位置，只有部分可以运动，例如机械手）和移动机器人。

（5）按照机器人的移动方式来分类

可分为轮式移动机器人、步行移动机器人（单腿式、双腿式和多腿式）、履带式移动机器人、爬行机器人、蠕动式机器人和游动式机器人等类型。

（6）按照机器人的功能和用途来分类

可分为医疗机器人、军用机器人、海洋机器人、助残机器人、清洁机器人和管道检测机器人等。

（7）按照机器人的作业空间分类

可分为陆地室内移动机器人、陆地室外移动机器人、水下机器人、无人飞机和空间机器人等。

（8）按机器人的驱动方式分类

1）气动式机器人

气动式机器人以压缩空气来驱动其执行机构。这种驱动方式的优点是空气来源方便，动作迅速，结构简单，造价低；缺点是空气具有可压缩性，致使工作速度的稳定性较差。因气源压力一般只有60MPa左右，故此类机器人适宜对抓举力要求较小的场合。

图1-8是2015年日本RIVERFIELD公司研发的一种气压驱动式机器人——内窥镜手术辅助机器人EMARO（Endoscope Manipulator Robot）。

2）液动式机器人

相对于气力驱动，液力驱动的机器人具有大得多的抓举能力，可高达上百千克。液力驱动式机器人结构紧凑，传动平稳且动作灵敏，但对密封的要求较高，且不宜在高温或低温的场合工作，要求的制造精度较高，成本较高。

3）电动式机器人

目前越来越多的机器人采用电力驱动式，这不仅是因为电动机可供选择的品种众多，更因为可以运用多种灵活的控制方法。

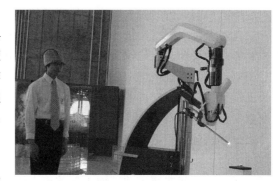

图1-8　内窥镜手术辅助机器人EMARO

电力驱动是利用各种电动机产生的力或力矩，直接或经过减速机构驱动机器人，以获得所需的位置、速度、加速度。电力驱动具有无污染、易于控制、运动精度高、成本低、驱动效率高等优点，其应用最为广泛。

电力驱动又可分为步进电动机驱动、直流伺服电动机驱动、无刷伺服电动机驱动等。

4）新型驱动方式机器人

伴随着机器人技术的发展，出现了利用新的工作原理制造的新型驱动器，如静电驱动器、压电驱动器、形状记忆合金驱动器、人工肌肉及光驱动器等。

（9）按机器人的控制方式分类

按照机器人的控制方式可分为如下几类。

1）非伺服机器人

非伺服机器人按照预先编好的程序顺序进行工作，使用限位开关、制动器、插销板和定序器来控制机器人的运动。插销板用来预先规定机器人的工作顺序，而且往往是可调的。定序器是一种按照预定的正确顺序接通驱动装置的能源。驱动装置接通能源后，就带动机器人的手臂、腕部和手部等装置运动。

当它们移动到由限位开关所规定的位置时，限位开关切换工作状态，给定序器送去一个工作任务已经完成的信号，并使终端制动器动作，切断驱动能源，使机器人停止运动。非伺服机器人工作能力比较有限。

2）伺服控制机器人

伺服控制机器人通过比较传感器取得的反馈信号与来自给定装置的综合信号后，得到误差信号，经过放大后用以激发机器人的驱动装置，进而带动手部执行装置以一定规律运动，到达规定的位置或速度等，这是一个反馈控制系统。伺服系统的被控量可为机器人手部执行装置的位置、速度、加速度和力等。伺服控制机器人比非伺服机器人有更强的工作能力。

第1章　认识工业机器人

伺服控制机器人按照控制的空间位置不同，又可以分为点位伺服控制和连续轨迹伺服控制。

① 点位伺服控制。

点位伺服控制机器人的受控运动方式为从一个点位目标移向另一个点位目标，只在目标点上完成操作。机器人可以以最快和最直接的路径从一个端点移到另一端点。

按点位方式进行控制的机器人，其运动为空间点到点之间的直线运动，在作业过程中只控制几个特定工作点的位置，不对点与点之间的运动过程进行控制。在点位伺服控制的机器人中，所能控制点数的多少取决于控制系统的复杂程度。

通常，点位伺服控制机器人适用于只需要确定终端位置而对编程点之间的路径和速度不做主要考虑的场合。点位控制主要用于点焊、搬运机器人。

② 连续轨迹伺服控制。

连续轨迹伺服控制机器人能够平滑地跟随某个规定的路径，其轨迹往往是某条不在预编程端点停留的曲线路径。

按连续轨迹方式进行控制的机器人，其运动轨迹可以是空间中的任意连续曲线。机器人在空间中的整个运动过程都处于控制之下，能同时控制两个以上的运动轴，使得手部位置可沿任意形状的空间曲线运动，而手部的姿态也可以通过腕关节的运动得以控制，这对于焊接和喷涂作业是十分有利的。

连续轨迹伺服控制机器人具有良好的控制和运行特性，由于数据是依时间采样的，而不是依预先规定的空间采样，因此机器人的运行速度较快、功率较小、负载能力也较小。连续轨迹伺服控制机器人主要用于弧焊、喷涂、打飞边毛刺和检测机器人。

（10）按机器人关节连接布置形式分类

按机器人关节连接布置形式，机器人可分为串联机器人和并联机器人两类。从运动形式来看，并联机构可分为平面机构和空间机构；细分可分为平面移动机构、平面移动转动机构、空间纯移动机构、空间纯转动机构和空间混合运动机构。

1）串联机器人

它是一种开式运动链机器人，由一系列连杆通过转动关节或移动关节串联形成，采用驱动器驱动各个关节的运动，从而带动连杆的相对运动，使末端执行器到达合适的位姿，一个轴的运动会改变另一个轴的坐标原点。图1-9是一种常见的关节串联机器人。它的特点是：工作空间大；运动分析较容易；可避免驱动轴之间的耦合效应；机构各轴必须独立控制，并且需搭配编码器与传感器来提高机构运动时的精准度。串联机器人的研究相对较成熟，已成功应用在工业上的各个领域，比如装配、焊接加工（图1-10）、喷涂、码垛等。

2）并联机器人（parallel mechanism）

如图1-11所示，它是在动平台和定平台通过至少两个独立的运动链相连接，具有两个或两个以上自由度，且以并联方式驱动的一种闭环机构。其中末端执行器为动平台，与基座即定平台之间由若干个包含有许多运动副（例如球副、移动副、转动副、虎克铰）的运动链相连接，其中每一个运动链都可以独立控制其运动状态，以实现多自由度的并联，即一个轴运动不影响另一个轴的坐标原点。图1-12所示为一种蜘蛛手并联机器人，这种类型机器人特点是：工作空间较小；无累积误差，精度较高；驱动装置可置于定平台上或接近定平台的位置，运动部分质量小，速度高，动态响应好；结构紧凑，刚度高，承载能力强；完全对称的并联机构具有较好的各向同性。并联机器人在需要高刚度、高精度或者大载荷而无需很大

图 1-9　关节串联装配机器人　　　　图 1-10　工业机器人在复杂零件焊接方面的应用

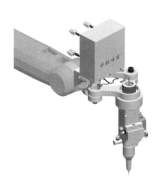

(a) 2自由度并联机构

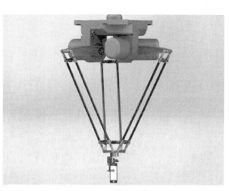

(b) 3自由度并联机构

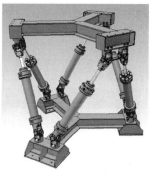

(c) 6自由度并联机构

图 1-11　并联机器人

图 1-12　蜘蛛手并联机器人

工作空间的领域获得了广泛应用，在食品、医药、电子等轻工业中应用最为广泛，在物料的搬运、包装、分拣等方面有着无可比拟的优势。

（11）按程序输入方式分类

1）编程输入型机器人

编程输入型机器人是将计算机上已编好的作业程序文件，通过 RS232 串口或者以太网等通信方式传送到机器人控制柜，计算机解读程序后作出相应控制信号命令，各伺服系统控制机器人来完成相应的工作任务。图 1-13 是该类型工业机器人编程界面的示意图。

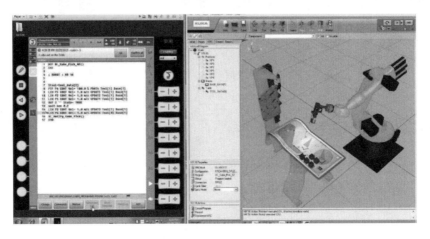

图 1-13　编程界面示意图

2）示教输入型机器人

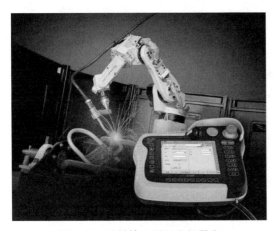

图 1-14　示教输入型工业机器人

示教输入型机器人的示教方法有两种，一种是由操作者用手动控制器（示教操纵盒等人机交互设备），将指令信号传给驱动系统，由执行机构按要求的动作顺序和运动轨迹操演一遍，图 1-14 即通过示教器来控制机器人运动的工业机器人。另一种是由操作者直接控制执行机构，按要求的动作顺序和运动轨迹操演一遍。在示教过程的同时，工作程序的信息自动存入程序存储器中，在机器人自动工作时，控制系统从程序存储器中调出相应信息，将指令信号传给驱动机构，使执行机构再现示教的各种动作。

1.1.3　机器人的基本工作原理

现在广泛应用的工业机器人都属于第一代机器人，它的基本工作原理是示教再现，如图 1-15 所示。

示教也称为导引，即由用户引导机器人，一步步将实际任务操作一遍，机器人在引导过程中自动记忆示教的每个动作的位置、姿态、运动参数、工艺参数等，并自动生成一个连续执行全部操作的程序。

完成示教后，只需给机器人一个启动命令，机器人将精确地按示教动作，一步步完成全部操作，这就是示教与再现。

（1）机器人手臂的运动

机器人的机械臂是由数个刚性杆体和旋转或移动的关节连接而成，是一个开环关节链，

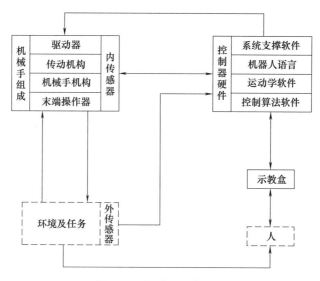

图 1-15　机器人工作原理

开链的一端固接在基座上，另一端是自由的，安装着末端执行器（如焊枪），在机器人操作时，机器人手臂前端的末端执行器必须与被加工工件处于相适应的位置和姿态，而这些位置和姿态是由若干个臂关节的运动所合成的。

因此，机器人运动控制中，必须要知道机械臂各关节变量空间与末端执行器的位置和姿态之间的关系，这就是机器人运动学模型。一台机器人机械臂的几何结构确定后，其运动学模型即可确定，这是机器人运动控制的基础。

（2）机器人轨迹规划

机器人机械手端部从起点的位置和姿态到终点的位置和姿态的运动轨迹空间曲线叫做路径。

轨迹规划的任务是用一种函数来"内插"或"逼近"给定的路径，并沿时间轴产生一系列"控制设定点"，用于控制机械手运动。目前常用的轨迹规划方法有空间关节插值法和笛卡儿空间规划两种方法。

（3）机器人机械手的控制

当一台机器人机械手的动态运动方程已给定，它的控制目的就是按预定性能要求保持机械手的动态响应。但是由于机器人机械手的惯性力、耦合反应力和重力负载都随运动空间的变化而变化，因此要对它进行高精度、高速度、高动态品质的控制是相当复杂而困难的。

目前工业机器人上采用的控制方法是把机械手上每一个关节都当作一个单独的伺服机构，即把一个非线性的、关节间耦合的变负载系统，简化为线性的非耦合单独系统。

1.2　工业机器人的组成

工业机器人通常由执行机构、驱动系统、控制系统和传感系统四部分组成，如图 1-16 所示。工业机器人各组成部分之间的相互作用关系如图 1-17 所示。

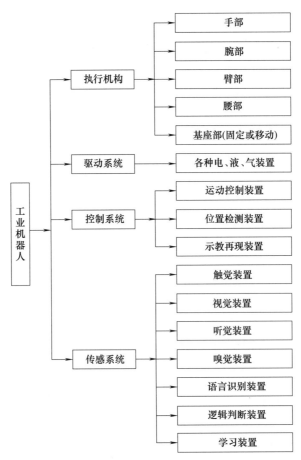

图 1-16　工业机器人的组成

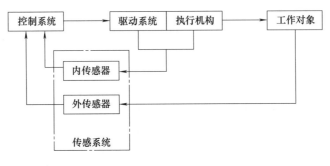

图 1-17　机器人各组成部分之间的关系

1.2.1　执行机构

执行机构是机器人赖以完成工作任务的实体，通常由一系列连杆、关节或其他形式的运动副所组成。从功能的角度可分为手部、腕部、臂部、腰部和基座，如图 1-18 所示。

1.2.1.1　手部

工业机器人的手部也叫做末端执行器，是装在机器人手腕上直接抓握工件或执行作业的部件。手部对于机器人来说是评价完成作业好坏、作业柔性好坏的关键部件之一。

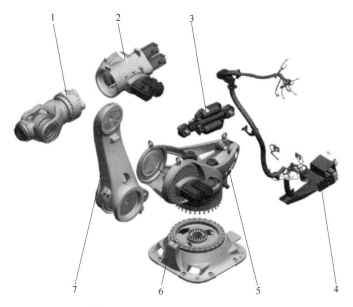

图 1-18 KR 1000 titan 的主要组件

1—机器人腕部；2—小臂；3—平衡配重；4—电气设备；5—转盘（腰部）；6—底座（基座）；7—大臂

（1）传动机构

传动机构是向手指传递运动和动力，以实现夹紧和松开动作的机构。该机构根据手指开合的动作特点，可分为回转型和平移型，回转型又分为单支点回转和多支点回转。根据手爪夹紧是摆动还是平动，回转型还可分为摆动回转型和平动回转型。

1）回转型传动机构

夹钳式手部中用得较多的是回转型手部，其手指就是一对杠杆，一般再与斜楔、滑槽、连杆、齿轮、蜗轮蜗杆或螺杆等机构组成复合式杠杆传动机构，用以改变传动比和运动方向等。

图 1-19（a）所示为单作用斜楔式回转型手部结构简图。斜楔向下运动，克服弹簧拉力，使杠杆手指装着滚子的一端向外撑开，从而夹紧工件；斜楔向上运动，则在弹簧拉力作用下

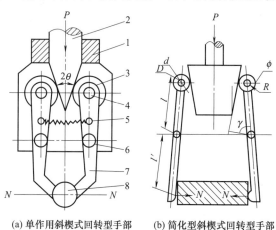

(a) 单作用斜楔式回转型手部　　(b) 简化型斜楔式回转型手部

图 1-19 斜楔杠杆式手部

1—壳体；2—斜楔驱动杆；3—滚子；4—圆柱销；5—拉簧；6—铰销；7—手指；8—工件

使手指松开。手指与斜楔通过滚子接触，可以减少摩擦力，提高机械效率。有时为了简化，也可让手指与斜楔直接接触，如图 1-19（b）所示。

图 1-20 所示为滑槽式杠杆回转型手部简图。杠杆形手指 4 的一端装有 V 形指 5，另一端则开有长滑槽。驱动杆 1 上的圆柱销 2 套在滑槽内，当驱动连杆同圆柱销一起做往复运动时，即可拨动两个手指各绕其支点（铰销 3）做相对回转运动，从而实现手指的夹紧与松开动作。

图 1-21 所示为双支点连杆式手部的简图。驱动杆 2 末端与连杆 4 由铰销 3 铰接，当驱动杆 2 做直线往复运动时，则通过连杆推动两杆手指各绕支点做回转运动，从而使得手指松开或闭合。

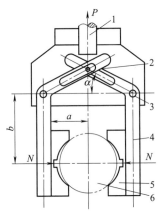

图 1-20　滑槽式杠杆回转型手部

1—驱动杆；2—圆柱销；3—铰销；
4—手指；5—V 形指；6—工件

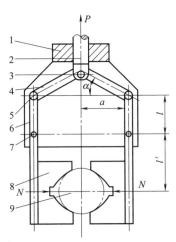

图 1-21　双支点连杆式手部

1—壳体；2—驱动杆；3—铰销；4—连杆；
5,7—圆柱销；6—手指；8—V 形指；9—工件

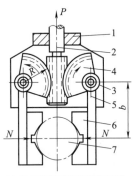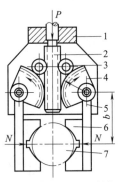

（a）齿条直接驱动扇齿轮结构　　（b）带有换向齿轮的驱动结构
图 1-22　齿轮齿条直接传动的齿轮杠杆式手部

1—壳体；2—驱动杆；3—中间齿轮；4—扇齿轮；5—手指；6—V 形指；7—工件

图 1-22 所示为齿轮齿条直接传动的齿轮杠杆式手部的结构。驱动杆 2 末端制成双面齿条，与扇齿轮 4 相啮合，而扇齿轮 4 与手指 5 固连在一起，可绕支点回转。驱动力推动齿条做直线往复运动，即可带动扇齿轮回转，从而使手指松开或闭合。

2）平移型传动机构

平移型传动机构是指平移型夹钳式手部，它是通过手指的指面做直线往复运动或平面移

动来实现张开或闭合动作的，常用于夹持具有平行平面的工件，如冰箱等。其结构较复杂，不如回转型手部应用广泛。平移型传动机构根据其结构，大致可分为平面平行移动机构和直线往复移动机构两种。

① 直线往复移动机构。

实现直线往复移动的机构很多，常用的斜楔传动、齿条传动、螺旋传动等均可应用于手部结构，如图 1-23 所示。图 1-23（a）所示为斜楔平移机构，图 1-23（b）所示为连杆杠杆平移机构，图 1-23（c）所示为螺旋斜楔平移机构。它们既可是双指型的，也可是三指（或多指）型的；既可自动定心，也可非自动定心。

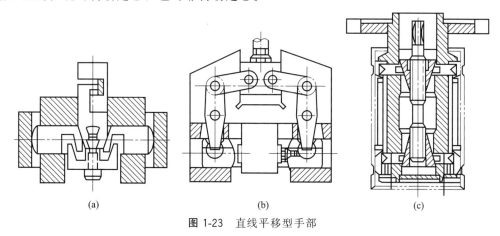

(a) (b) (c)

图 1-23　直线平移型手部

② 平面平行移动机构。

图 1-24 所示为几种平面平行平移型夹钳式手部的简图。图 1-24（a）所示的是采用齿条齿轮传动的手部；图 1-24（b）所示的是采用蜗杆传动的手部；图 1-24（c）所示的是采用连杆斜滑槽传动的手部。它们的共同点是，都采用平行四边形的铰链机构——双曲柄铰链四连杆机构，以实现手指平移。其差别在于，分别采用齿条齿轮、蜗杆蜗轮、连杆斜滑槽的传动方法。

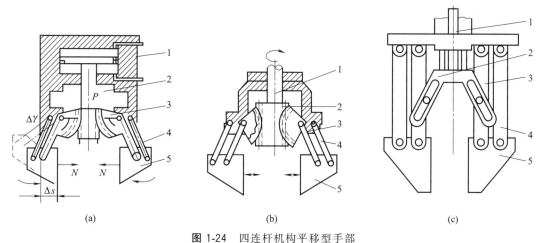

(a) (b) (c)

图 1-24　四连杆机构平移型手部

1—驱动器；2—驱动元件；3—驱动摇杆；4—从动摇杆；5—手指

（2）手部结构

1）机械钳爪式手部结构

机械钳爪式手部按夹取的方式，可分为内撑式和外夹式两种，分别如图 1-25 与图 1-26 所示。两者的区别在于夹持工件的部位不同，手爪动作的方向相反。

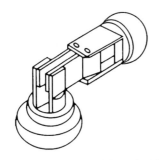

图 1-25　内撑钳爪式手部的夹取方式

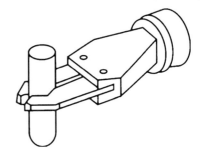

图 1-26　外夹钳爪式手部的夹取方式

由于采用两爪内撑式手部夹持时不易达到稳定，工业机器人多用内撑式三指钳爪来夹持工件，如图 1-27 所示。

从机械结构特征、外观与功用来区分，钳爪式手部还有多种结构形式，下面介绍几种不同形式的手部机构。

① 齿轮齿条移动式手爪，如图 1-28 所示。

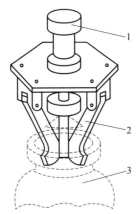

图 1-27　内撑式三指钳爪

1—手指驱动电磁铁；2—钳爪；3—工件

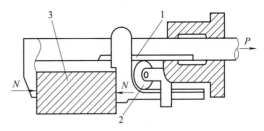

图 1-28　齿轮齿条移动式手爪

1—齿条；2—齿轮；3—工件

② 重力式钳爪，如图 1-29 所示。

③ 平行连杆式钳爪，如图 1-30 所示。

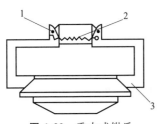

图 1-29　重力式钳爪

1—销；2—弹簧；3—钳爪

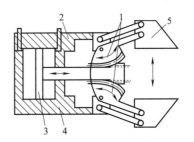

图 1-30　平行连杆式钳爪

1—扇形齿轮；2—齿条；3—活塞；4—气（油）缸；5—钳爪

④ 拨杆杠杆式钳爪，如图 1-31 所示。

⑤ 自动调整式钳爪，如图 1-32 所示。自动调整式钳爪的调整范围在 0～10mm 之内，适用于抓取多种规格的工件，当更换产品时可更换 V 形钳口。

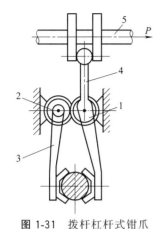

图 1-31　拨杆杠杆式钳爪

1—齿轮 1；2—齿轮 2；3—钳爪；4—拨杆；5—驱动杆

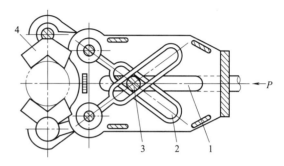

图 1-32　自动调整式钳爪

1—推杆；2—滑槽；3—轴销；4—V 形钳爪

2）钩托式手部

钩托式手部主要特征是不靠夹紧力来夹持工件，而是利用手指对工件进行钩、托、捧等动作来托持工件。应用钩托方式可降低驱动力的要求，简化手部结构，甚至可以省略手部驱动装置。它适用于在水平面内和垂直面内做低速移动的搬运工作，尤其对大型笨重的工件或结构粗大而质量较小且易变形的工件更为有利。钩托式手部可分为无驱动装置型和有驱动装置型。

① 无驱动装置型。

无驱动装置型的钩托式手部，手指动作通过传动机构，借助臂部的运动来实现，手部无单独的驱动装置。图 1-33（a）为无驱动型，手部在臂的带动下向下移动，当手部下降到一定位置时，齿条 1 下端碰到撞块，臂部继续下移，齿条便带动齿轮 2 旋转，手指 3 即进入工件钩托部位。手指托持工件时，销 4 在弹簧力作用下插入齿条缺口，保持手指的钩托状态并可使手臂携带工件离开原始位置。在完成钩托任务后，由电磁铁将销向外拔出，手指又呈自由状态，可继续下一个工作循环程序。

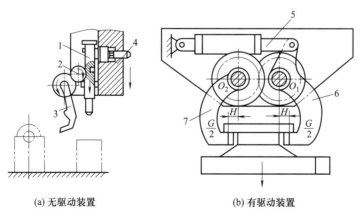

(a) 无驱动装置　　　　(b) 有驱动装置

图 1-33　钩托式手部

1—齿条；2—齿轮；3—手指；4—销；5—液压缸；6，7—杠杆手指

② 有驱动装置型。

图 1-33（b）为一种有驱动装置型的钩托式手部。其工作原理是依靠机构内力来平衡工件重力而保持托持状态。驱动液压缸 5 以较小的力驱动杠杆手指 6 和 7 回转，使手指闭合至托持工件的位置。手指与工件的接触点均在其回转支点 O_1、O_2 的外侧，因此在手指托持工件后工件本身的重量不会使手指自行松脱。

图 1-34（a）所示为从三个方向夹住工件的抓取机构的原理，爪 1、2 由连杆机构带动，在同一平面中做相对的平行移动；爪 3 的运动平面与爪 1、2 的运动平面相垂直；工件由这三爪夹紧。

图 1-34（b）为爪部的传动机构。抓取机构的驱动器 6 安装在抓取机构机架的上部，输出轴 7 通过联轴器 8 与工作轴相连，工作轴上装有离合器 4，通过离合器与蜗杆 9 相连。蜗杆带动齿轮 10、11，齿轮带动连杆机构，使爪 1、2 做启闭动作。输出轴又通过齿轮 5 带动与爪 3 相连的离合器，使爪 3 作启闭动作。当爪与工件接触后，离合器进入"OFF"状态，三爪均停止运动，由于蜗杆蜗轮传动具有反行程自锁的特性，故抓取机构不会自行松开被夹住的工件。

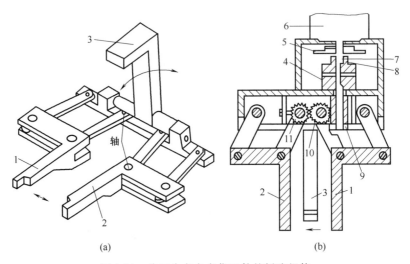

图 1-34 从三个方向夹住工件的抓取机构

1～3—爪；4—离合器；5,10,11—齿轮；6—驱动器；7—输出轴；8—联轴器；9—蜗杆

3）弹簧式手部

弹簧式手部靠弹簧力的作用将工件夹紧，手部不需要专用的驱动装置，结构简单。它的使用特点是工件进入手指和从手指中取下工件都是强制进行的。由于弹簧力有限，故只适用于夹持轻小工件。

如图 1-35 所示为一种结构简单的弹簧片手指弹性手爪。手臂带动夹钳向坯料推进时，弹簧片 3 由于受到压力而自动张开，于是工件进入钳内，受弹簧作用而自动夹紧。当机器人将工件传送到指定位置后，手指不会将工件松开，必须先将工件固定后，手部后退，强迫手指撑开后留下工件。这种手部只适用于定心精度要求不高的场合。

如图 1-36 所示，两个手爪 1、2 用连杆 3、4 连接在滑块上，气缸活塞杆通过弹簧 5 使滑块运动。手爪夹持工件 6 的夹紧力取决于弹簧的张力，因此可根据工作情况，选取不同张力的弹簧；此外，还要注意，当手爪松开时，不要让弹簧脱落。

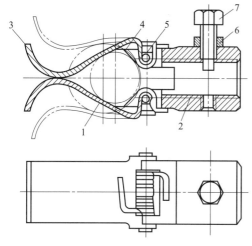

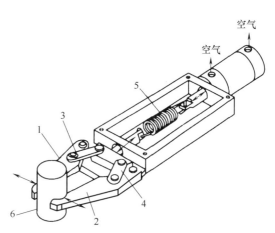

图 1-35　弹簧式手部

1—工件；2—套筒；3—弹簧片；4—扭簧；

5—销钉；6—螺母；7—螺钉

图 1-36　利用弹簧螺旋的弹性抓取机构

1,2—手爪；3,4—连杆；5—弹簧；6—工件

如图 1-37（a）所示的抓取机构中，在手爪 5 的内侧设有槽口，用螺钉将弹性材料装在槽口中以形成具有弹性的抓取机构；弹性材料的一端用螺钉紧固，另一端可自由运动。当手爪夹紧工件 7 时，弹性材料便发生变形并与工件的外轮廓紧密接触；也可以只在一侧手爪上安装弹性材料，这时工件被抓取时定位精度较好。1 是与活塞杆固连的驱动板，2 是气缸，3 是支架，4 是连杆，6 是弹性爪。图 1-37（b）是另一种形式的弹性抓取机构。

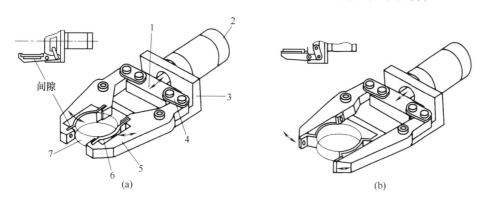

图 1-37　具有弹性的抓取机构

1—驱动板；2—气缸；3—支架；4—连杆；5—手爪；6—弹性爪；7—工件

1.2.1.2　腕部

腕部旋转是指腕部绕小臂轴线的转动，又叫做臂转。有些机器人限制其腕部转动角度小于 $360°$。另一些机器人则仅仅受到控制电缆缠绕圈数的限制，腕部可以转几圈。如图 1-38（a）所示。

（1）腕部弯曲

腕部弯曲是指腕部的上下摆动，这种运动也称为俯仰，又叫做手转。如图 1-38（b）所示。

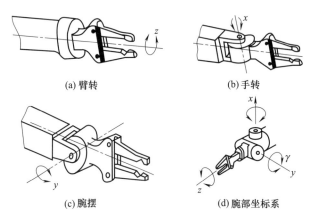

(a) 臂转　　　　　　　　　　(b) 手转

(c) 腕摆　　　　　　　　　　(d) 腕部坐标系

图 1-38　腕部的三个运动和坐标系

（2）腕部侧摆

腕部侧摆指机器人腕部的水平摆动，又叫做腕摆。腕部的旋转和俯仰两种运动结合起来可以看成是侧摆运动，通常机器人的侧摆运动由一个单独的关节提供。如图 1-38（c）所示。

腕部结构多为上述三个回转方式的组合，组合的方式可以有多种形式，常用的腕部组合的方式有：臂转-腕摆-手转结构、臂转-双腕摆-手转结构等。如图 1-39 所示。

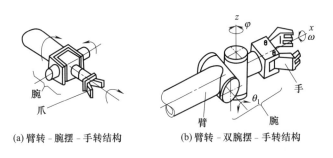

(a) 臂转 - 腕摆 - 手转结构　　　　　　(b) 臂转 - 双腕摆 - 手转结构

图 1-39　腕部的组合方式

（3）手腕的分类

手腕按自由度数目来分，可分为单自由度手腕、二自由度手腕和三自由度手腕。

1）单自由度手腕

如图 1-40（a）所示是一种翻转（Roll）关节，它把手臂纵轴线和手腕关节轴线构成共轴线形式。这种 R 关节旋转角度大，可达到 360°以上。图 1-40（b）、图 1-40（c）是一种折曲（Bend）关节，关节轴线与前、后两个连接件的轴线相垂直。这种 B 关节因为受到结构上的干涉，旋转角度小，大大限制了方向角。

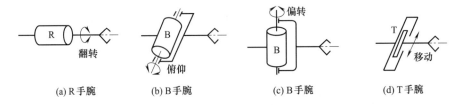

(a) R 手腕　　　　(b) B 手腕　　　　(c) B 手腕　　　　(d) T 手腕

图 1-40　单自由度手腕

2）二自由度手腕

二自由度手腕可以由一个 R 关节和一个 B 关节组成 BR 手腕［见图 1-41（a）］，也可以由两个 B 关节组成 BB 手腕［见图 1-41（b）］。但是，不能由两个 R 关节组成 RR 手腕，因为两个 R 关节共轴线，所以退化了一个自由度，实际只构成了单自由度手腕［见图 1-41（c）］。

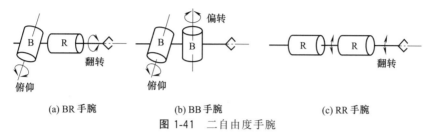

(a) BR 手腕　　　　　　　　(b) BB 手腕　　　　　　　　(c) RR 手腕

图 1-41　二自由度手腕

3）三自由度手腕

三自由度手腕可以由 B 关节和 R 关节组成许多种形式。图 1-42（a）所示为通常见到的 BBR 手腕，使手部具有俯仰、偏转和翻转运动，即 RPY 运动。图 1-42（b）所示为一个 B 关节和两个 R 关节组成的 BRR 手腕，为了不使自由度退化，使手部获得 RPY 运动，第一个 R 关节必须如图偏置。图 1-42（c）所示为三个 R 关节组成的 RRR 手腕，它也可以实现手部 RPY 运动。图 1-42（d）所示为 BBB 手腕，很明显，

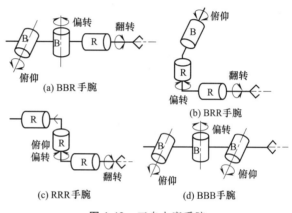

(a) BBR 手腕

(b) BRR手腕

(c) RRR手腕

(d) BBB手腕

图 1-42　三自由度手腕

它已经退化为二自由度手腕，只有 PY 运动，实际上它是不采用的。此外，B 关节和 R 关节排列的次序不同，也会产生不同的效果，也产生了其他形式的三自由度手腕。为了使手腕结构紧凑，通常把两个 B 关节安装在一个十字接头上，这可大大减小 BBR 手腕的纵向尺寸。

1.2.1.3　臂部

常见工业机器人如图 1-43 所示，图 1-44 与图 1-45 为其手臂结构图，手臂的各种运动通常由驱动机构和各种传动机构来实现。因此，它不仅仅承受被抓取工件的重量，而且承受末端执行器、手腕和手臂自身的重量。手臂的结构、工作范围、灵活性、抓重大小（即臂力）和定位精度都直接影响机器人的工作性能，所以臂部的结构形式必须根据机器人的运动形式、抓取重量、动作自由度、运动精度等因素来确定。

臂部是机器人执行机构中重要的部件，它的作用是支撑腕部和手部，并将被抓取的工件运送到给定的位置上。机器人的臂部主要包括臂杆以及与其运动有关的构件，包括传动机构、驱动装置、导向定位装置、支承连接和位置检测元件等。此外，还有与腕部或手臂的运动和连接支承等有关的构件，其结构形式如图 1-46 所示。

一般机器人手臂有 3 个自由度，即手臂的伸缩、左右回转和升降（或俯仰）运动。手臂回转和升降运动是通过基座的立柱实现的，立柱的横向移动即为手臂的横移。手臂的各种运动通常由驱动机构和各种传动机构来实现。手臂的 3 个自由度，可以有不同的运动（自由

度）组合，通常可以将其设计成如图 1-46 五种形式。

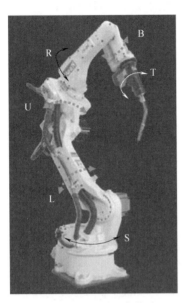

图 1-43　工业机器人

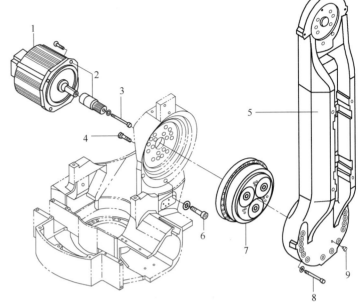

图 1-44　下臂

1—驱动电机；2—减速器输入轴；5—下臂体；7—RV 减速器；3,4,6,8,9—螺钉

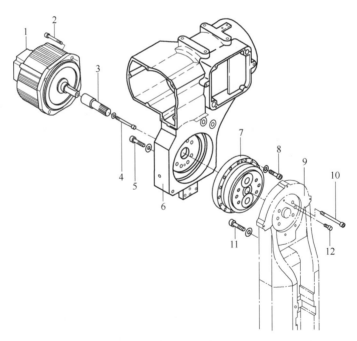

图 1-45　上臂

1—驱动电机；3—减速器输入轴；6—上臂；7—RV 减速器；9—上臂体；2,4,5,8,10,11,12—螺钉

（1）圆柱坐标型

如图 1-46（a）所示，这种运动形式是通过一个转动、两个移动，共三个自由度组成的

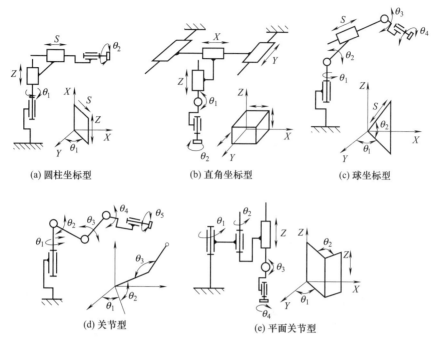

(a) 圆柱坐标型　　　　　(b) 直角坐标型　　　　　(c) 球坐标型

(d) 关节型　　　　　　　(e) 平面关节型

图 1-46　机器人手臂机械结构形式

运动系统，工作空间图形为圆柱形。它与直角坐标型比较，在相同的工作空间条件下，机体所占体积小，而运动范围大。

（2）直角坐标型

如图 1-46（b）所示，直角坐标型工业机器人，其运动部分由三个相互垂直的直线移动组成，其工作空间图形为长方体。它在各个轴向的移动距离，可在各坐标轴上直接读出，直观性强，易于位置和姿态的编程计算，定位精度高、结构简单，但机体所占空间大、灵活性较差。

（3）球坐标型

如图 1-46（c）所示，又称极坐标型，它由两个转动和一个直线移动所组成，即由一个回转、一个俯仰和一个伸缩运动组成，其工作空间图形为一球体，它可以做上下俯仰动作并能够抓取地面上或较低位置的工件，具有结构紧凑、工作空间范围大的特点，但结构较复杂。

（4）关节型

如图 1-46（d）所示，关节型又称回转坐标型，这种机器人的手臂与人体上肢类似，其前三个关节都是回转关节，这种机器人一般由立柱和大小臂组成，立柱与大臂间形成肩关节，大臂与小臂间形成肘关节，可使大臂做回转运动 θ_1，使大臂做俯仰摆动 θ_2，小臂做俯仰摆动 θ_3。其特点是工作空间范围大，动作灵活，通用性强，能抓取靠近机座的物体。

（5）平面关节型

如图 1-46（e）所示，采用两个回转关节和一个移动关节；两个回转关节控制前后、左右运动，而移动关节则实现上下运动，其工作空间的轨迹图形，纵截面为矩形的回转体，纵截面高为移动关节的行程长，两回转关节转角的大小决定回转体横截面的大小、形状。这种形式又称 SCARA 型装配机器人，是 selective compliance assembly robot arm 的缩写，意思是具有选择柔顺性的装配机器人手臂，在水平方向有柔顺性，在垂直方向则有较大的刚性。它结构简单，动作灵活，多用于装配作业中，特别适合小规格零件的插接装配，如在电子工业零件的接插装配中应用广泛。

1.2.1.4 腰部

腰部是连接臂部和基座的部件，通常是回转部件。它的回转，再加上臂部的运动，就能使腕部做空间运动。腰部是执行机构的关键部件，它的制作误差、运动精度和平稳性对机器人的定位精度有决定性的影响。

1.2.1.5 基座

基座是整个机器人的支持部分，有固定式和移动式两类。移动式基座用来扩大机器人的活动范围，有的是专门的行走装置，有的是轨道（图1-47）、滚轮机构（图1-48）。基座必须有足够的刚度和稳定性。

图1-47　桁架工业机器人

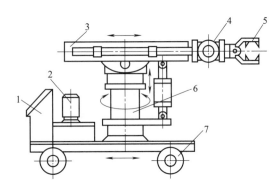

图1-48　具有行走机构的工业机器人系统
1—控制部件；2—驱动部件；3—臂部；
4—腕部；5—手部；6—机身；7—行走机构

1.2.2　驱动系统

工业机器人的驱动系统是向执行系统各部件提供动力的装置，包括驱动器和传动机构两部分，它们通常与执行机构连成一体。驱动器通常有电动、液压、气动装置以及把它们结合起来应用的综合系统。常用的传动机构有谐波传动、螺旋传动、链传动、带传动以及各种齿轮传动等机构。工业机器人驱动系统的组成如图1-49所示。

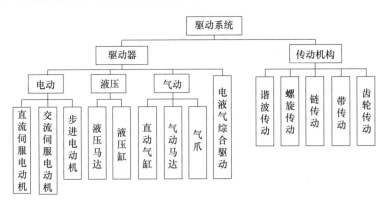

图1-49　工业机器人驱动系统的组成

1.2.3 控制系统

控制系统的任务是根据机器人的作业指令程序以及从传感器反馈回来的信号支配机器人的执行机构完成固定的运动和功能。若工业机器人不具备信息反馈特征，则为开环控制系统；若具备信息反馈特征，则为闭环控制系统。

工业机器人的控制系统主要由主控计算机和关节伺服控制器组成，如图 1-50 所示。上位主控计算机主要根据作业要求完成编程，并发出指令控制各伺服驱动装置，使各杆件协调工作，同时还要完成环境状况、周边设备之间的信息传递和协调工作。关节伺服控制器用于实现驱动单元的伺服控制、轨迹插补计算，以及系统状态监测。不同的工业机器人控制系统是不同的，图 1-51 为 ABB 工业机器人的控制系统实物。机器人的测量单元一般安装在执行部件中的位置检测元件（如光电编码器）和速度检测元件（如测速电机），这些检测量反馈到控制器中或者用于闭环控制，或者用于监测，或者进行示教操作。人机接口除了包括一般的计算机键盘、鼠标外，通常还包括手持控制器（示教盒，图 1-51），通过手持控制器可以对机器人进行控制和示教操作。

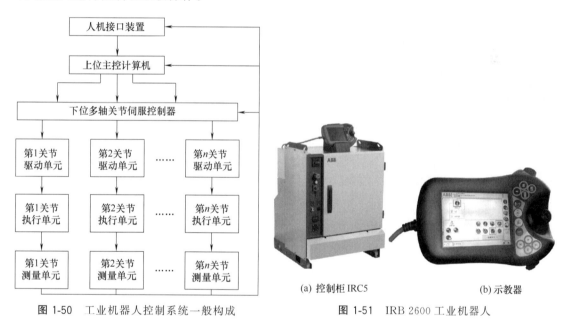

图 1-50 工业机器人控制系统一般构成

(a) 控制柜 IRC5 (b) 示教器

图 1-51 IRB 2600 工业机器人

工业机器人通常具有示教再现和位置控制两种方式。示教再现控制就是操作人员通过示教装置把作业程序内容编制成程序，输入到记忆装置中，在外部给出启动命令后，机器人从记忆装置中读出信息并送到控制装置，发出控制信号，由驱动机构控制机械手的运动，在一定精度范围内按照记忆装置中的内容完成给定的动作。实质上，工业机器人与一般自动化机械的最大区别就是它具有"示教再现"功能，因而表现出通用、灵活的"柔性"特点。

工业机器人的位置控制方式有点位控制和连续路径控制两种。其中，点位控制这种方式只关心机器人末端执行器的起点和终点位置，而不关心这两点之间的运动轨迹，这种控制方式可完成无障碍条件下的点焊、上下料、搬运等操作。连续路径控制方式不仅要求机器人以一定的精度达到目标点，而且对移动轨迹也有一定的精度要求，如机器人喷漆、弧焊等操作。实质上这种控制方式是以点位控制方式为基础，在每两点之间用满足精度要求的位置轨迹插补算法实现轨迹连续化的。

1.2.4　传感系统

传感系统是机器人的重要组成部分，按其采集信息的位置，一般可分为内部和外部两类传感器。内部传感器是完成机器人运动控制所必需的传感器，如位置、速度传感器等，用于采集机器人内部信息，是构成机器人不可缺少的基本元件。外部传感器检测机器人所处环境、外部物体状态或机器人与外部物体的关系。常用的外部传感器有力觉传感器、触觉传感器、接近觉传感器、视觉传感器等。一些特殊领域应用的机器人还可能需要具有温度、湿度、压力、滑动量、化学性质等感觉能力方面的传感器。机器人传感器的分类如表 1-2 所示。

传统的工业机器人仅采用内部传感器，用于对机器人运动、位置及姿态进行精确控制。使用外部传感器，使得机器人对外部环境具有一定程度的适应能力，从而表现出一定程度的智能。

表 1-2　机器人传感器的分类

	用途	机器人的精确控制
内部传感器	检测的信息	位置、角度、速度、加速度、姿态、方向等
	所用传感器	微动开关、光电开关、差动变压器、编码器、电位计、旋转变压器、测速发电机、加速度计、陀螺仪、倾角传感器、力(或力矩)传感器等
外部传感器	用途	了解工件、环境或机器人在环境中的状态，对工件进行灵活、有效的操作
	检测的信息	工件和环境：形状、位置、范围、质量、姿态、运动、速度等 机器人与环境：位置、速度、加速度、姿态等 对工件的操作：非接触(间隔、位置、姿态等)、接触(障碍检测、碰撞检测等)、触觉(接触觉、压觉、滑觉)、夹持力等
	所用传感器	视觉传感器、光学测距传感器、超声测距传感器、触觉传感器、电容传感器、电磁感应传感器、限位传感器、压敏导电橡胶、弹性体加应变片等

1.3　机器人的应用

1.3.1　工业机器人技术参数

（1）技术参数

技术参数是各工业机器人制造商在产品供货时所提供的技术数据。尽管各厂商所提供的技术参数项目是不完全一样的，工业机器人的结构、用途等有所不同，且用户的要求也不同，但是，工业机器人的主要技术参数一般都应有自由度、重复定位精度、工作范围、最大工作速度、承载能力等。

1）自由度

自由度是指机器人所具有的独立坐标轴运动的数目，不应包括手爪（末端操作器）的开合自由度。在三维空间中描述一个物体的位置和姿态（简称位姿）需要 6 个自由度。但是，工业机器人的自由度是根据其用途而设计的，可能小于 6 个自由度，也可能大于 6 个自由度。例如，PUMA562 机器人具有 6 个自由度，如图 1-52 所示，可以进行复杂空间曲面的弧焊作业。从运动学的观点看，在完成某一特定作业时具有多余自由度的机器人，就叫做冗余自由度机器人，也可简称为冗余度机器人。例如，PUMA562 机器人去执行印刷电路板上接插电子器件的作业时就成为冗余度机器人。利用冗余的自由度，可以增加机器人的灵活性，躲避障碍物和改善动力性能。人的手臂（大臂、小臂、手腕）共有 7 个自由度，所以工作起来很灵巧，手部可回避障碍物，从不同方向到达同一个目的点。

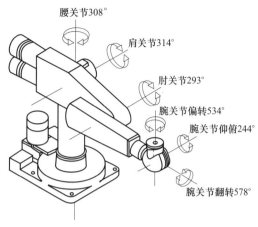

图 1-52　PUMA562 机器人

2）工作范围

工作范围是指机器人手臂末端或手腕中心所能到达的所有点的集合，也叫做工作区域。因为末端操作器的形状和尺寸是多种多样的，为了真实反映机器人的特征参数，所以是指不安装末端操作器时的工作区域。工作范围的形状和大小是十分重要的，机器人在执行某作业时可能会因为存在手部不能到达的作业死区（deadzone）而不能完成任务。图 1-53 和图 1-54 所示分别为 PUMA 机器人和 A4020 机器人的工作范围。

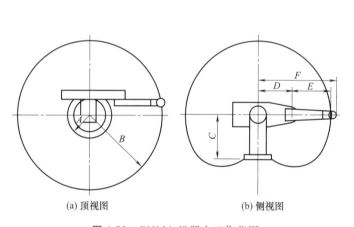

图 1-53　PUMA 机器人工作范围

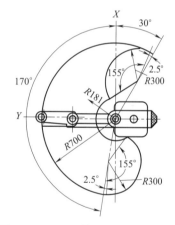

图 1-54　A4020 装配机器人工作范围

3）最大工作速度

机器人在保持运动平稳性和位置精度的前提下所能达到的最大速度称为额定速度。其某一关节运动的速度称为单轴速度，由各轴速度分量合成的速度称为合成速度。

机器人在额定速度和规定性能范围内，末端执行器所能承受负载的允许值称为额定负载。在限制作业条件下，为了保证机械结构不损坏，末端执行器所能承受负载的最大值称为极限负载。

对于结构固定的机器人，其最大行程为定值，因此额定速度越高，运动循环时间越短，工作效率也越高。而机器人每个关节的运动过程一般包括启动加速、匀速运动和减速制动三个阶段。如果机器人负载过大，则会产生较大的加速度，造成启动、制动阶段时间增长，从而影响机器人的工作效率。对此，就要根据实际工作周期来平衡机器人的额定速度。

4）承载能力

承载能力是指机器人在工作范围内的任何位姿上所能承受的最大重量，通常可以用质量、力矩或惯性矩来表示。承载能力不仅取决于负载的质量，而且与机器人运行的速度和加速度的大小和方向有关。一般低速运行时，承载能力强。为安全考虑，将承载能力这个指标确定为高速运行时的承载能力。通常，承载能力不仅指负载质量，还包括机器人末端操作器的质量。

5）分辨率

机器人的分辨率由系统设计检测参数决定，并受到位置反馈检测单元性能的影响。分辨率可分为编程分辨率与控制分辨率。编程分辨率是指程序中可以设定的最小距离单位，又称为基准分辨率。控制分辨率是位置反馈回路能检测到的最小位移量。当编程分辨率与控制分辨率相等时，系统性能达到最高。

6）精度

机器人的精度主要体现在定位精度和重复定位精度两个方面。

① 定位精度。是指机器人末端操作器的实际位置与目标位置之间的偏差，由机械误差、控制算法误差与系统分辨率等部分组成。

② 重复定位精度。是指在相同环境、相同条件、相同目标动作、相同命令的条件下，机器人连续重复运动若干次时，其位置会在一个平均值附近变化，变化的幅度代表重复定位精度，是关于精度的一个统计数据。因重复定位精度不受工作载荷变化的影响，所以通常用重复定位精度这个指标作为衡量示教再现型工业机器人水平的重要指标。

如图 1-55 所示，为重复定位精度的几种典型情况：图（a）为重复定位精度的测定；图（b）为合理的定位精度，良好的重复定位精度；图（c）为良好的定位精度，很差的重复定位精度；图（d）为很差的定位精度，良好的重复定位精度。

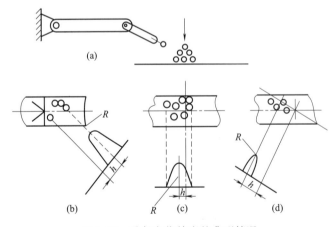

图 1-55　重复定位精度的典型情况

7）其他参数

此外，对于一个完整的机器人，还有下列参数描述其技术规格。

① 控制方式。

控制方式是指机器人用于控制轴的方式，是伺服还是非伺服，伺服控制方式是实现连续轨迹还是点到点的运动。

② 驱动方式。

驱动方式是指关节执行器的动力源形式，通常有气动、液压、电动等形式。

③ 安装方式。

安装方式是指机器人本体安装的工作场合的形式，通常有地面安装、架装、吊装等形式。

④ 动力源容量。

动力源容量是指机器人动力源的规格和消耗功率的大小，比如，气压的大小、耗气量、液压高低、电压形式与大小、消耗功率等。

⑤ 本体质量。

本体质量是指机器人在不加任何负载时本体的重量，用于估算运输、安装等。

⑥ 环境参数。

环境参数是指机器人在运输、存储和工作时需要提供的环境条件，比如，温度、湿度、振动、防护等级和防爆等级等。

**图 1-56　IRB 2600
工业机器人**

（2）典型机器人的技术参数

图 1-56 所示的工业机器人的技术参数见表 1-3～表 1-5。

表 1-3　机器人技术参数

序号	项　目		规　格
1	控制轴数		6
2	负载		12kg
3	最大到达距离		1850mm
4	重复定位精度		±0.04mm
5	质量		284kg
6	防护等级		IP67
7	最大动作速度（运动范围）	1 轴	175(°)/s（±180°）
		2 轴	175(°)/s（−95°～155°）
		3 轴	175(°)/s（−180°～75°）
		4 轴	360(°)/s（±400°）
		5 轴	360(°)/s（−120°～120°）
		6 轴	360(°)/s（±400°）
8	可达范围	IRB 2600-12／1.85	

IRB 2600-12／1.85

2148

1174

967　506

1553　1853

表 1-4 控制柜 IRC 5 技术参数

序号	项目	规格描述
1	控制硬件	多处理器系统 PCI 总线 Pentium® CPU 大容量存储用闪存或硬盘 备用电源,以防电源故障 USB 存储接口
2	控制软件	对象主导型设计 高级 RAPID 机器人编程语言 可移植、开放式、可扩展 PC-DOS 文件格式 ROBOTWare 软件产品 预装软件,另提供光盘
3	安全性	安全紧急停机 带监测功能的双通道安全回路 3 位启动装置 电子限位开关:5 路安全输出(监测第 1～7 轴)
4	辐射	EMC/EMI 屏蔽
5	功率	4kVA
6	输入电压	AC200～600V 50～60Hz
7	防护等级	IP54

表 1-5 示教器技术参数

序号	项目	规格
1	材质	强化塑料外壳(含护手带)
2	质量	1 kg
3	操作键	快捷键＋操作杆
4	显示屏	彩色图形界面　6.7 英寸[1]触摸屏
5	操作习惯	支持左右手互换
6	外部存储	USB
7	语言	中英文切换

1.3.2　机器人的应用环境

（1）网络机器人

网络机器人有两类,一类是把标准通信协议和标准人-机接口作为基本设施,再将它们与有实际观测操作技术的机器人融合在一起,即可实现无论何时何地,无论是谁都能使用的远程环境观测操作系统,这就是网络机器人。这种网络机器人是基于 Web 服务器的。网络

机器人技术以 Internet 为构架,将机器人与 Internet 连接起来,采用客户端/服务器（C/S）模式,允许用户在远程终端上访问服务器,把高层控制命令通过服务器传送给机器人控制器,同时机器人的图像采集设备把机器人运动的实时图像再通过网络服务器反馈给远端用户,从而达到间接控制机器人的目的,实现对机器人的远程监视和控制。

图 1-57　网络机器人

如图 1-57 所示,另一类网络机器人是一种特殊的机器人,其

---

① 1 英寸为 2.54cm,下同。

"特殊"在于网络机器人没有固定的"身体"，网络机器人本质是网络自动程序，它存在于网络程序中，目前主要用来自动查找和检索互联网上的网站和网页内容。

（2）林业机器人

如图1-58所示，六足伐木机器人除了具有传统伐木机械的功能之外，它最大的特点就在于其巨型的昆虫造型了，因此它能够更好地适应复杂的路况，而不至于像轮胎或履带驱动的产品那样行动不便。

（3）农业机器人

如图1-59所示采摘草莓的机器人。这款机器人内置有能够感应色彩的摄像头，可以轻而易举地分辨出草莓和绿叶，利用事先设定的色彩值，再配合独特的机械结构，它就可以判断出草莓的成熟度，并将符合要求的草莓采摘下来。

图1-58　六足伐木机器人

图1-59　采摘草莓的机器人

（4）军事机器人

军用机器人按应用的环境不同又分为地面军用机器人、空中军用机器人、水下军用机器人和空间军用机器人几类。

① 地面军用机器人　所谓地面军用机器人是指在地面上使用的机器人系统，它们不仅在和平时期可以帮助民警排除炸弹、完成要地保安任务，在战时还可以代替士兵执行扫雷、侦察和攻击等各种任务。如图1-60所示的是山东立人智能科技有限公司生产的排爆地面军用机器人。

② 空中军用机器人　如图1-61所示，空中机器人一般是指无人驾驶飞机，是一种以无线电遥控或以自身程序控制为主的不载人飞机，机上无驾驶舱，但安装有自动驾驶仪、程序控制装置等设备，在军事领域可用于空中侦察、监视、通信、反潜、电子干扰等。

③ 水下军用机器人　无人遥控潜水器，

图1-60　排爆地面军用机器人

也称水下机器人。它是一种工作于水下的极限作业机器人，能潜入水中代替人完成某些操作，又称潜水器。图 1-62 为"水下龙虾"机器人。很多水下机器人也可用于军事领域。

图 1-61　无人驾驶飞机

图 1-62　"水下龙虾"机器人

④ 空间军用机器人　从广义上讲，一切航天器都可以称为空间机器人，如宇宙飞船、航天飞机、人造卫星、空间站等。图 1-63 是美国的火星探测器，航天界对空间机器人的定义一般是指用于开发太空资源、空间建设和维修、协助空间生产和科学实验、星际探索等方面的带有一定智能的各种机械手、探测小车等应用设备。

在未来的空间活动中，将有大量的空间加工、空间生产、空间装配、空间科学实验和空间维修等工作要做，这样大量的工作不可能仅仅只靠宇航员去完成，还必须充分利用空间机器人，图 1-64 是空间机器人正在维修人造卫星。一些空间机器人也可用于军事领域。

图 1-63　美国的火星探测器

图 1-64　空间机器人正在维修人造卫星

（5）服务机器人

服务机器人是机器人家族中的一个年轻成员，到目前为止尚没有一个严格的定义。不同服务机器人的应用范围很广，主要从事维护保养、修理、运输、清洗、保安、救援、消防（图 1-65 是山东立人智能科技有限公司生产的消防机器人）、监护等工作。国际机器人联合会经过几年的搜集整理，给了服务机器人一个初步的定义：服务机器人是一种半自主或全自主工作的机器人，它能完成有益于人类健康的服务工作，但不包括从事生产的设备。这里，我们把其他一些贴近人们生活的机器人也列入其中。

1.3.3　工业机器人的应用领域

（1）喷漆机器人

如图 1-66 所示，喷漆机器人能在恶劣环境下连续工作，并具有工作灵活、工作精度高等特点，因此喷漆机器人被广泛应用于汽车、大型结构件等喷漆生产线，以保证产品的加工质量、提高生产效率、减轻操作人员劳动强度。

图 1-65　消防机器人

图 1-66　喷漆机器人

（2）焊接机器人

用于焊接的机器人一般分为图 1-67 所示的点焊机器人和图 1-68 所示的弧焊机器人两种。弧焊机器人作业精确，可以连续不知疲劳地进行工作，但在作业中会遇到部件稍有偏位或焊缝形状有所改变的情况，人工作业时，因能看到焊缝，可以随时作出调整；而焊接机器人，因为是按事先编好的程序工作，不能很快调整。

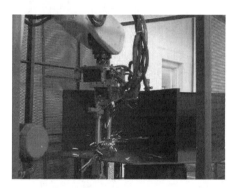

图 1-67　Fanuc S-420 点焊机器人

图 1-68　弧焊机器人

（3）上下料机器人

如图 1-69 所示，目前我国大部分生产线上的机床装卸工件仍由人工完成，其劳动强度大，生产效率低，而且具有一定的危险性，已经满足不了生产自动化的发展趋势。为提高工作效率，降低成本，并使生产线发展为柔性生产系统，应现代机械行业自动化生产的要求，越来越多的企业已经开始利用工业机器人进行上下料了。

（4）装配机器人

如图 1-70 所示，装配机器人是专门为装配而设计的工业机器人，与一般工业机器人比

图 1-69　数控机床用上下料机器人

(a) 机器人

(b) 装配工业机器人的应用

图 1-70　装配工业机器人

较，它具有精度高、柔顺性好、工作范围小、能与其他系统配套使用等特点。使用装配机器人可以保证产品质量，降低成本，提高生产自动化水平。

（5）搬运机器人

在建筑工地，在海港码头，总能看到大吊车的身影，应当说吊车装运比工人肩扛手抬已经进步多了，但这只是机械代替了人力，或者说吊车只是机器人的雏形，它还得完全依靠人操作和控制定位等，不能自主作业。图 1-71 所示的搬运机器人可进行自主的搬运。当然，有时也可应用机械手进行搬运，图 1-72 所示就是山东立人智能科技有限公司生产的机械手。

（6）码垛工业机器人

如图 1-73 所示，码垛工业机器人主要用于工业码垛。

图 1-71　搬运机器人

（7）包装机器人

计算机、通信和消费性电子行业（3C 行业）和化工、食品、饮料、药品工业是包装机器人的主要应用领域，图 1-74 是包装机器人在工作。3C 行业的产品产量大、周转速度快，成品包装任务繁重；化工、食品、饮料、药品包装由于行业特殊性，人工作业涉及安全、卫生、清洁、防水、防菌等方面的问题。

图 1-72　机械手

图 1-73　码垛工业机器人

图 1-74　包装机器人在工作

（8）喷丸机器人

如图 1-75 所示，喷丸机器人比人工清理效率高出 10 倍以上，而且工人可以避开污浊、嘈杂的工作环境，操作者只要改变计算机程序，就可以轻松改变不同的清理工艺。

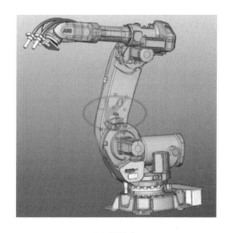

(a) 机器人

(b) 喷丸机器人的应用

图 1-75　喷丸机器人

（9）吹玻璃机器人

类似灯泡一类的玻璃制品，都是先将玻璃熔化，然后人工吹起成形的，熔化的玻璃温度高达1100℃，无论是搬运，还是吹制，工人不仅劳动强度很大，而且有害身体，工作的技术难度要求还很高。法国赛博格拉斯公司开发了两种6轴工业机器人，应用于"采集"（搬运）和"吹制"玻璃两项工作。

（10）核工业中的机器人

如图1-76所示，核工业机器人主要用于以核工业为背景的危险、恶劣场所，特别针对核电站、核燃料后处理厂及三废处理厂等放射性环境现场，可以对其核设施中的设备装置进行检查、维修和简单事故处理等工作。

图1-76 核工业中的机器人

（11）机械加工工业机器人

这类机器人具有加工能力，本身具有加工工具，比如刀具等，刀具的运动是由工业机器人的控制系统控制的。主要用于切割（图1-77）、去毛刺［图1-78（a）］与轻型加工［图1-78（b）］、抛光与雕刻等。这样的加工比较复杂，一般采用离线编程来完成。这类工业机器人有的已经具有了加工中心的某些特性，如刀库等。图1-79所示的雕刻工业机器人的刀库如图1-80所示。这类工业机器人的机械加工能力是远远低于数控机床的，因为刚度、强度等都没有数控机床好。

图1-77 激光切割机器人工作站

1.3.4 机器人在新领域中的应用

（1）医用机器人

医用机器人是一种智能型服务机器人，它能独自编制操作计划，依据实际情况确定动作程序，然后把动作变为操作机构的运动。因此，它有广泛的感觉系统、智能及模拟装置（周围情况及自身——机器人的意识和自我意识），从事医疗或辅助医疗工作。

气动控制柜

机器人本体

去毛刺工具

工件夹具

法兰盘

工作台

机器人底座

离线编程仿真软件

······

(a) 去毛刺机器人工作站

(b) 轻型加工机器人工作站

图 1-78　去毛刺与轻型加工机器人工作站

图 1-79　雕刻工业机器人

图 1-80　雕刻工业机器人的刀库

　　医用机器人种类很多，按照其用途不同，有运送物品机器人、移动病人机器人（图 1-81）、临床医疗用机器人（图 1-82）和为残疾人服务机器人（图 1-83）、护理机器人、医用教学机器人等。

图 1-81 移动病人机器人

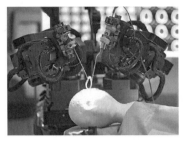

图 1-82 做开颅手术的机器人

图 1-83 MGT 型下肢康复训练机器人

（2）其他机器人

其他方式的服务机器人包括健康福利服务机器人、公共服务机器人（图 1-84）、家庭服务机器人（图 1-85）、娱乐机器人（图 1-86）、建筑工业机器人（图 1-87）与教育机器人等几种形式。图 1-88 为送餐机器人，送餐也可以用小车，如图 1-89 所示。当然，类似的设备还有如图 1-90、图 1-91 所示的设备，也可以归为机器人的一种。

图 1-84 保安巡逻机器人

图 1-85 家庭清洁机器人

图 1-86 演奏机器人

图 1-87 建筑机器人

图 1-88 送餐机器人

图 1-89 送餐小车

图 1-90 自动旅行箱

高压巡线也是一项危险性较高的工种，工作人员需攀爬高压线设备进行安全巡视。而通过高压线作业机器人（图 1-92 所示为变电站巡视机器人）来帮助工作人员进行高压线巡视，不仅省时省力，还能有效保障工作人员的生命安全。

图 1-91　AGV 小车

图 1-92　变电站巡视机器人

再比如墙壁清洗机器人（如图 1-93 所示）、爬缆索机器人（如图 1-94 所示）以及管内移动机器人等。这些机器人都是根据某种特殊目的设计的特种作业机器人，可以帮助人类完成一些高强度、高危险性或无法完成的工作。

图 1-93　墙壁清洗机器人

图 1-94　爬缆索机器人

1.4　工业机器人操作准备

1.4.1　进入工业机器人车间

（1）劳动保护
操作设备前必须按要求穿戴好劳动保护用品，如图 1-95 所示。

（2）关闭总电源
在进行机器人的安装、维修和保养时，切记要将总电源关闭。带电作业可能会产生致命性后果。如不慎遭高压电击，有可能导致心跳停止、烧伤或其他严重伤害。

（3）安全距离
在调试与运行机器人时，它可能会执行一些意外的或不规范的运动，而且所有的运动都会产生很大的力量，会严重伤害个人或损坏机器人工作范围内的任何设备，所以时刻警惕与机器人保持足够安全的距离。

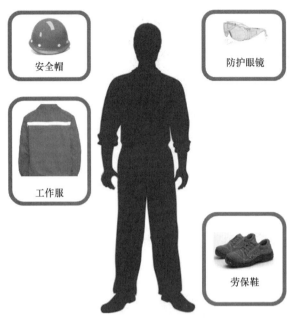

图 1-95　劳动保护

（4）静电

静电放电（ESD）是电势不同的两个物体之间的静电传导，它可以通过直接接触传导，也可以通过感应电场传导。搬运部件或部件容器时，未接地的人员可能会传导大量的静电荷。这一放电过程可能会损坏敏感的电子设备。所以在有此标识的情况下，要做好静电放电防护。

（5）紧急停止

紧急停止优先于任何其他机器人控制操作，它会断开机器人电动机的驱动电源，停止所有运转部件，并切断由机器人系统控制且存在潜在危险的功能部件的电源。出现下列情况时请立即按下紧急停止按钮。

① 机器人运行中，工作区域内有工作人员。

② 机器人伤害了工作人员、工件坯体或损伤了其他周边配套机器设备。

（6）灭火

发生火灾时，要确保全体人员安全撤离后再进行灭火，应首先处理受伤人员。当电气设备（例如机器人或控制器）起火时，使用二氧化碳灭火器，切勿使用水或泡沫灭火剂灭火。

（7）工作中的安全

当进入机器人作业区域时，务必遵循如下所有的安全条例：

① 如果在机器人工作区域内有工作人员，应手动操作机器人系统。

② 当进入工作区域时，应准备好示教器，以便随时控制机器人。

③ 注意旋转或运动的工具，例如转盘、喷枪，确保人在接近机器人之前，这些工具已经停止运动。

④ 注意工件和机器人系统的高温表面，机器人电动机长时间运转后温度很高。

⑤ 注意夹具并确保夹好工件。如果夹具打开，工件会脱落并导致人员伤害或设备损坏。夹具非常有力，如果不按照正确方法操作，也会导致人员伤害。

⑥ 注意液压、气压系统以及带电部件。即使断电，这些电路上的残余电量也很危险。

（8）自动模式

自动模式（100％）用于在生产中运行机器人程序。在自动模式操作情况下，如果出现机器人碰撞、损坏周边设备或有人擅自进入机器人作业区域内，操作人员必须立即按下急停按钮。

（9）其他

① 在开机运行前，必须知道机器人根据所编程序将要执行的全部任务。

② 必须知道所有会影响机器人移动的开关、传感器和控制信号的位置和状态。

③ 必须知道机器人控制器和外围控制设备上的紧急停止按钮的位置，随时准备在紧急情况下使用这些按钮。

④ 永远不要认为机器人没有移动机器人的程序就已经结束，因为机器人很有可能是在等待让它继续移动的信号。

1.4.2 认识机器人的基本术语

（1）关节

关节（joint），即运动副，是允许机器人手臂各零件之间发生相对运动的机构，是两构件直接接触并能产生相对运动的活动连接，如图 1-96 所示。A、B 两部件可以做活动连接。

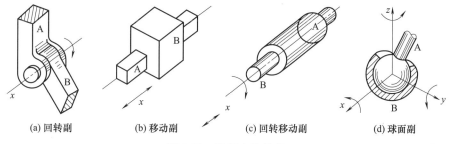

| (a) 回转副 | (b) 移动副 | (c) 回转移动副 | (d) 球面副 |

图 1-96 机器人的关节

高副机构（Higher pair），简称高副，指的是运动机构的两构件通过点或线的接触而构成的运动副。例如齿轮副和凸轮副就属于高副机构。平面高副机构拥有两个自由度，即相对接触面切线方向的移动和相对接触点的转动。相对而言，通过面的接触而构成的运动副叫做低副机构。

关节是各杆件间的结合部分，是实现机器人各种运动的运动副，由于机器人的种类很多，其功能要求不同，关节的配置和传动系统的形式都不同。机器人常用的关节有移动、旋转运动副。一个关节系统包括驱动器、传器和控制器，属于机器人的基础部件，是整个机器人伺服系统中的一个重要环节，其结构、重量、尺寸对机器人性能有直接影响。

1）回转关节

回转关节，又叫做回转副、旋转关节，是使连接两杆件的组件中的一件相对于另一件绕固定轴线转动的关节，是两个构件之间只作相对转动的运动副。如手臂与机座、手臂与手腕，并实现相对回转或摆动的关节机构，由驱动器、回转轴和轴承组成。多数电动机能直接产生旋转运动，但常需各种齿轮、链、带传动或其他减速装置，以获取较大的转矩。

2）移动关节

移动关节，又叫做移动副、滑动关节、棱柱关节，是使两杆件的组件中的一件相对于另一件做直线运动的关节，两个构件之间只作相对移动。它采用直线驱动方式传递运动，包括直角坐标结构的驱动、圆柱坐标结构的径向驱动和垂直升降驱动，以及极坐标结构的径向伸缩驱动。直线运动可以直接由气缸或液压缸和活塞产生，也可以采用齿轮齿条、丝杠、螺母等传动元件把旋转运动转换成直线运动。

3）圆柱关节

圆柱关节，又叫做回转移动副、分布关节，是使两杆件的组件中的一件相对于另一件移动或绕一个移动轴线转动的关节，两个构件之间除了做相对转动之外，还同时可以做相对移动。

4）球关节

球关节，又叫做球面副，是使两杆件间的组件中的一件相对于另一件在三个自由度上绕一固定点转动的关节，即组成运动副的两构件能绕一球心作三个独立的相对转动的运动副。

（2）连杆

连杆（link）：指机器人手臂上被相邻两关节分开的部分，是保持各关节间固定关系的刚体，是机械连杆机构中两端分别与主动和从动构件铰接以传递运动和力的杆件。例如在往复活塞式动力机械和压缩机中，用连杆来连接活塞与曲柄。连杆多为钢件，其主体部分的截面多为圆形或工字形，两端有孔，孔内装有青铜衬套或滚针轴承，供装入轴销而构成铰接。

连杆是机器人中的重要部件，它连接着关节，其作用是将一种运动形式转变为另一种运动形式，并把作用在主动构件上的力传给从动构件以输出功率。

（3）刚度

刚度（stiffness）：是机器人机身或臂部在外力作用下抵抗变形的能力。它是用外力和在外力作用方向上的变形量（位移）之比来度量。在弹性范围内，刚度是零件载荷与位移成正比的比例系数，即引起单位位移所需的力。它的倒数称为柔度，即单位力引起的位移。刚度可分为静刚度和动刚度。

在任何力的作用下，体积和形状都不发生改变的物体叫做刚体（rigid body）。在物理学上，理想的刚体是一个固体的、尺寸值有限的、形变情况可以被忽略的物体。不论是否受力，在刚体内任意两点的距离都不会改变。在运动中，刚体内任意一条直线在各个时刻的位置都保持平行。

1.4.3 机器人的图形符号体系

（1）运动副的图形符号

机器人所用的零件和材料以及装配方法等与现有的各种机械完全相同。机器人常用的关节有移动、旋转运动副，常用的运动副图形符号如表1-6所示。

（2）基本运动的图形符号

机器人的基本运动图形符号与现有的各种机械表示也完全相同。常用的基本运动图形符号如表1-7所示。

（3）运动机能的图形符号

机器人的运动机能常用的图形符号如表1-8所示。

表 1-6　常用的运动副图形符号

运动副名称		运动副符号	
		两运动构件构成的运动副	两构件之一为固定时的运动副
平面运动副	转动副	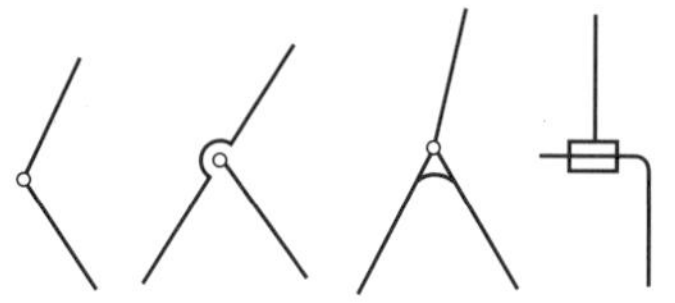	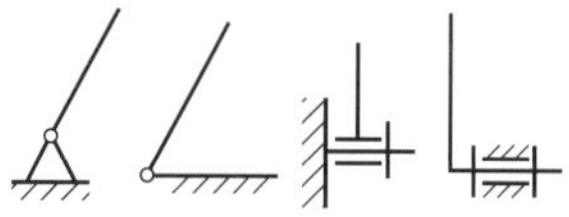
	移动副	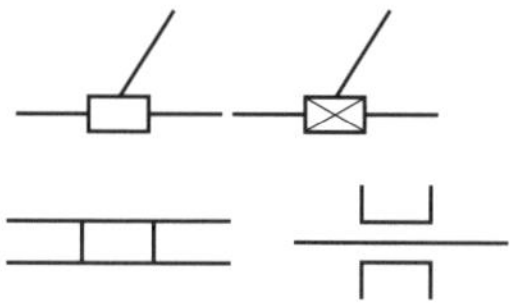	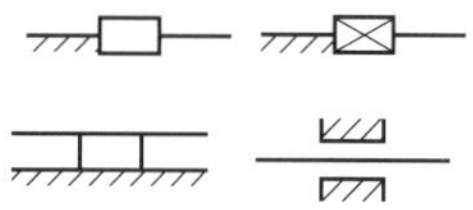
	平面高副		
空间运动副	螺旋副	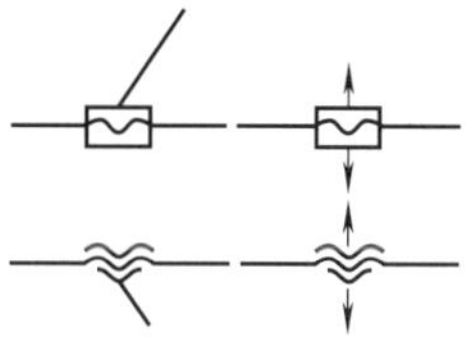	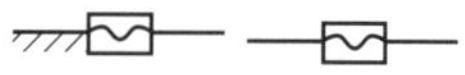
	球面副及球销副	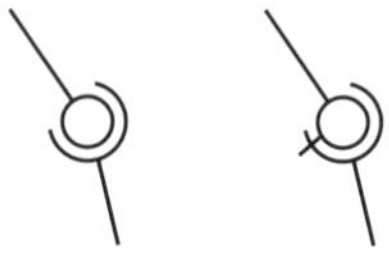	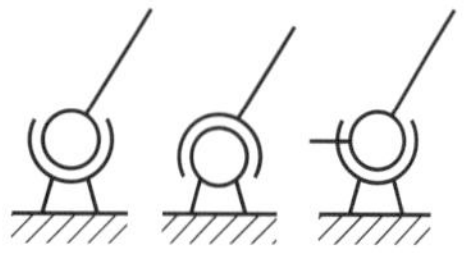

表 1-7　常用的基本运动图形符号

序号	名称	符号
1	直线运动方向	单向　　双向
2	旋转运动方向	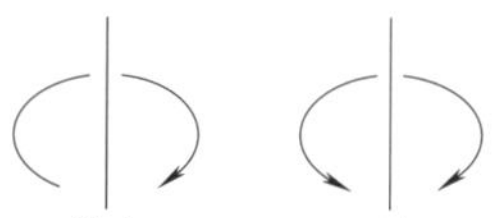 单向　　双向
3	连杆、轴关节的轴	
4	刚性连接	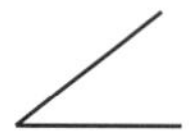
5	固定基础	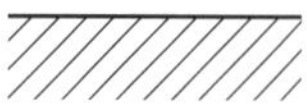
6	机械联锁	

表 1-8　机器人的运动机能常用的图形符号

编号	名称	图形符号	参考运动方向	备　注
1	移动(1)			
2	移动(2)			
3	回转机构			
4	旋转(1)	① ②		①一般常用的图形符号 ②表示①的侧向的图形符号
5	旋转(2)	① ②		①一般常用的图形符号 ②表示①的侧向的图形符号
6	差动齿轮			
7	球关节			
8	握持			
9	保持			包括已成为工具的装置,工业机器人的工具此处未作规定
10	机座			

（4）运动机构的图形符号

机器人的运动机构常用的图形符号如表 1-9 所示。

表 1-9　机器人的运动机构常用的图形符号

序号	名称	自由度	符号	参考运动方向	备注
1	直线运动关节(1)	1			
2	直线运动关节(2)	1			
3	旋转运动关节(1)	1			
4	旋转运动关节(2)	1			平面
5		1			立体

序号	名称	自由度	符号	参考运动方向	备注
6	轴套式关节	2			
7	球关节	3			
8	末端操作器		一般型 熔接 真空吸引		用途示例

机器人的描述方法可分为机器人机构简图、机器人运动原理图、机器人传动原理图、机器人速度描述方程、机器人位姿运动学方程、机器人静力学描述方程等。现在介绍机器人的图形符号表示方法。

机器人的机构简图是描述机器人组成机构的直观图形表达形式，是将机器人的各个运动部件用简便的符号和图形表达出来，此图可用上述图形符号体系中的文字与代号表示。典型工业机器人的机构简图如图 1-97 所示。

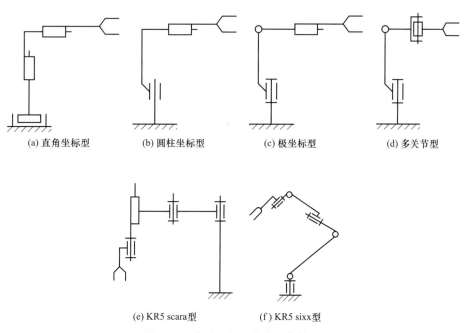

(a) 直角坐标型　　(b) 圆柱坐标型　　(c) 极坐标型　　(d) 多关节型

(e) KR5 scara型　　　　(f) KR5 sixx型

图 1-97　典型工业机器人机构简图

1.4.4　工业机器人的安全符号

表 1-10 提供了图形符号示例，可用来标识常规的操作方式。图形符号可包含附加的描述性文字，以便尽可能清楚地提供关于方式选择与期望性能的信息。但不同的工业机器人其标牌也是有区别的。

表 1-10   机器人操作方式标签

方式	图形符号	ISO 7000 中的图形
自动		0017
手动降速		0096
手动高速		0026 和 0096 结合

不同型号的工业机器人其安全符号是不同的，现以 ABB 工业机器人为例介绍之，表 1-11 为 ABB 工业机器人的安全符号。

表 1-11   ABB 工业机器人的安全符号

序号	标志	名称	说明
1		警告	警告如果不依照说明操作，可能会发生事故，造成严重的伤害（可能致命）和/或重大的产品损坏。该标志适用于以下险情：触碰高压电气单元、爆炸、火灾、吸入有毒气体、挤压、撞击、高空坠落等
2		注意	警告如果不依照说明操作，可能会发生能造成伤害和/或产品损坏的事故。该标志适用于以下险情：灼伤、眼部伤害、皮肤伤害、听力损伤、挤压或滑倒、跌倒、撞击、高空坠落等。此外，它还适用于某些涉及功能要求的警告消息，即在装配和移除设备过程中出现有可能损坏产品或引起产品故障的情况时，就会采用这一标志
3		禁止	与其他标志组合使用
4		参阅用户文档	阅读用户文档，了解详细信息。符号所定义的要阅读的手册，一般为产品手册
5		参阅产品手册	在拆卸之前，参阅产品手册

序号	标志	名称	说明
6		不得拆卸	拆卸此部件可能会导致伤害
7		旋转更大	此轴的旋转范围(工作区域)大于标准范围
8		制动闸释放	按此按钮将会释放制动闸。这意味着操纵臂可能会掉落
9		拧松螺栓有倾翻风险	如果螺栓没有固定牢靠,操纵器可能会翻倒
10		挤压	挤压伤害风险
11		高温	存在可能导致灼伤的高温风险
12		机器人移动	机器人可能会意外移动

序号	标志	名称	说明
12		机器人移动	机器人可能会意外移动
13		制动闸释放按钮	制动闸释放
14		吊环螺栓	吊环螺栓
15		带缩短器的吊货链	带缩短器的吊货链
16		机器人提升	机器人提升

序号	标志	名称	说明
17		润滑油	如果不允许使用润滑油,则可与禁止标志一起使用
18		机械挡块	机械挡块
19		无机械制动器	无机械制动器
20		储能	警告此部件蕴含储能。 与不得拆卸标志一起使用
21		压力	警告此部件承受了压力。通常另外印有文字,标明压力大小
22		使用手柄关闭	使用控制器上的电源开关

1.4.5 操作规程

以焊接机器人工作站为例来介绍其操作规程。

（1）焊接机器人操作规程

1）工作前

① 每班开始焊接前要检查焊枪吸尘管、线缆等是否有（或可能有）缠绕机械手臂或打卷情况，如果有，要及时处理后再开始焊接。

② 每天开始焊接前要检查平衡器拉索松紧情况，如果过松或过紧，应用平衡器上旋钮调整到适当松紧。

③ 仔细检查系统的水、电、气是否正常；检查焊枪导电嘴、焊机水箱、清枪液、焊丝的余量等是否满足正常使用要求，焊丝牌号是否正确，各机构确认正常后方可开始工作。

④ 焊枪内分流器和绝缘环必须完好，不得缺失，如果缺失可能造成短路，损坏焊枪系统。

⑤ 吊离时必须松开所有压紧机构，并确认其不妨碍工件吊离。

⑥ 起吊工件前查看工件工艺支撑位置是否准确，确保无多余工艺支撑后，将工件吊运进入非自动焊接工位，应将工件缓慢落在变位机上，尽量避免冲击。

⑦ 调整夹紧机构夹紧工件。注意夹紧机构的位置要始终与编程时的位置一致，并确认工件的夹紧情况。

2）设备运行中

① 机器人动作速度较快，存在危险性，操作人员应负责维护工作站正常运转秩序，严禁非工作人员进入工作区域。

② 工作人员在编程示教时，应将机器人调整到 T1 测试模式（最快运行速度 250mm/s）以确保安全。

③ 机器人开机工作中，需要有人员看守。操作人员暂时离开前，先确认系统和电弧工作正常，并且离开时间不能超过 10min。当操作人员较长时间离开时，需根据情况，暂停焊接或切断伺服。

④ 当操作者与机器人分处于不同工位区域工作时，应将机器人工作区域防护链挂好，以防止其他人员进入。

⑤ 焊接过程中通过听、看等方法来判断焊接是否正常，确认焊接电弧稳定性、焊接电流和焊接飞溅的变化，发现异常时应立即停止焊接。

⑥ 工件应在变位机上装夹牢固，防止工件在翻转时滑落，造成伤害。

⑦ 装夹工具用完后必须收回，旋转妥当，严禁留在变位机或工件上或随手乱放。

⑧ 焊接前应检查工件拼点准确性，误差超过 5mm 以上需要向前道工序和段长反馈质量问题，对不能达到要求的拼点工件进行修正。

⑨ 焊接之前要仔细检查工件表面有无氧化皮、铁锈和油污等影响焊缝质量的问题，务必处理完毕后才能开始焊接作业。

⑩ 在焊接起弧前，操作人员应查看起弧点位置，没有偏差时，再启动焊接。严禁用尖嘴钳等硬物按控制开关等操作按钮。

⑪ 机器人工作状态下，变位机翻转区域内严禁人员进入或放置物品。

⑫ 清枪剪丝时机器人动作较快，操作人员应避免停留在清枪剪丝位置附近。经常查看清枪剪丝效果，如果焊枪在清枪过程中与铰刀位置发生偏移或剪丝效果不好，必须及时检查程序和校正焊枪。

⑬ 焊接过程中通过听、看等方法确认焊接电弧稳定性、焊接电流和焊接飞溅的变化，发现电弧不稳及电流急剧变化时，应立即停止焊接。

⑭ 机器人工作时，操作人员应注意查看焊枪线缆状况，防止其缠绕在机器人上。

⑮ 示教器和线缆不能放置在变位机上，应随手携带或挂在操作位置。

⑯ 线缆不能严重绕曲成麻花状和与硬物摩擦，以防内部线芯折断或裸露。

⑰ 如需要手动控制机器人时，应确保机器人动作范围内无任何人员或障碍物，将速度由慢到快逐渐调整，避免速度突变造成伤害或损失。

⑱ 多注意查看焊丝余量，防止因焊丝用完而发生碰枪、烧嘴等情况。

⑲ 机器人各臂载荷能力有限，禁止任何人对机器人施加较大外力。

⑳ 出现气孔时，检查保护气压力是否达到要求和分流器是否堵塞，如有异常应及时调整和清理。

㉑ 机器人运行过程中必须注意机器人与变位机、机器人与工件的相对位置，确保安全。操作者自身也应与机器人保持安全距离，以确保自身安全。

㉒ 对于已经编好的焊接程序，操作人员不得擅自改动任何点的位置或焊接参数。如果需要改动，先记录程序号和步骤，与相关人员商议后再进行更改和检验。

㉓ 工作站在非工作状态时，机器人和变位机需置于安全位置。

3）工作后

① 关闭系统的水、电、气，使设备处于停机状态。

② 进行日常维护保养。

③ 填写"交接班记录"，做好交接班工作。

（2）电源水箱操作指导

① 旋开并移走水箱盖。

② 检查滤网上有没有杂物，如果需要，应清洁滤网，并装回原位。

③ 冷却液不能直接使用自来水。

④ 冷却液不能直接排放。

⑤ 加冷却液到水箱最高液面线，并盖上水箱盖。

⑥ 首次加入冷却液时，在机器打开后，至少等待 1min，让冷却管道内充满冷却液，同时排出空气或泡沫。

⑦ 如果频繁地更换焊枪，或者首次调试，需要根据需要添加冷却液到最高液面。

⑧ 冷却液的液面不得低于最低液面线，添加冷却液的时候必须使用水箱滤网（标配冷却液牌号 KF 23E）。

（3）除尘设备操作规程

① 要使用干净、干燥并且不含油的压缩空气，压力为 4～6bar[①]；如发现压缩空气压力不足，应调整压力后工作。

② 不要在没有滤筒的情况下使用本设备。

③ 每个月都要检查滤筒的干净程度，及时更换不合格的滤筒。

④ 每个星期都要拧一次背面的储水阀门，放出设备内的存水。

⑤ 要避免设备受潮。

⑥ 灰尘收集筒要定期清理，收集的频率视烟尘量来决定。

⑦ 打开设备控制盒时要关闭电源。

---

① 1bar＝0.1MPa，下同。

⑧ 焊接结构件表面要清理干净，不得有油污。

（4）清枪剪丝站使用操作规程

① 设备运行时，千万不要将手伸入清理枪嘴的铰刀，有极大的危险性，比如，肢体的挤伤切断等。身体上佩戴的物品或衣服有可能被旋转的铰刀卷入清枪机构中。

② 坚持每周对设备进行清扫。

③ 执行维护操作时，压缩空气和机器人的供电都应该被切断，否则会有因从清枪机构中飞出部件或电击而引起的危险。切断气源以确保机构不受压缩空气的触动。

④ 每周检查一次硅油瓶中的硅油。

⑤ 气动马达每月注油一次。

⑥ 清枪装置免维护，压缩空气无需加油。

⑦ 设备所使用的压缩空气压力不得超过 8bar，压缩空气不得掺有水、油污。

（5）机器人焊枪使用注意事项

① 焊枪安装时一定要注意，需要使枪颈后端带外丝的接头和集成电缆带铜内丝的塑料锁母对正，然后轻柔顺畅地拧紧，以确保枪颈和电缆的导电面紧密接触。如果没有充分拧紧，枪颈和电缆的导电面间就会有间隙，由于电流较大会出现间隙放电，而破坏导电面，从而使枪颈和电缆出现不可修复的故障。

② 对于水冷焊枪，由于间断焊接导致塑料锁母经常冷热交替，可能会导致螺纹松动，枪颈和电缆间出现间隙而放电烧损，所以应每周定期检查并拧紧塑料锁母，但注意不要用力过大导致滑丝。

③ 如果在电缆法兰处出现漏水现象，应及时检查是否正确安装枪颈；如果枪颈电缆的接触面已经出现损坏，应及时送厂家维修，切忌将水箱关闭继续使用，否则会出现不可修复的损坏。

④ 水冷焊枪工作时要保证充分冷却，TBi 水冷焊枪要求在 2bar 压力下，水流达到 1.6～2.0L/min。应经常检查水箱、通水管道和水质，并每 3 个月定期更换水箱内冷却液体（专用冷却液或蒸馏水混合汽车防冻液）。

⑤ 在使用机器人焊枪前，应检查清枪站清枪铰刀和焊枪喷嘴、导电嘴是否匹配，如不匹配会对焊枪造成严重的损坏，从而导致整个系统无法工作。

⑥ 严格按照额定电流和暂载率使用本产品，超负荷使用可导致焊枪损坏。应只使用 TBi 原厂配件和耗材，否则将导致丧失原厂质保。

⑦ 清枪站需要定期维护：清枪站一定要使用干燥清洁的压缩空气，并每周拧开气动马达下面的胶木螺钉放水，以免使转轴生锈影响转动；移动轴每月注油一次；每周对设备进行清扫；每周检查一次硅油瓶中的硅油。

⑧ 每次使用焊枪前后，应检查喷嘴、导电嘴、导电嘴座、气体分流器、绝缘垫片、送丝管、导丝管等耗材是否正确安装及完好，有问题请及时更换。更换导电嘴时应用扳手固定住导电嘴座，以免导电嘴座连同导电嘴一起卸下，这样可以延长焊枪使用寿命。只有当导电嘴的螺纹磨平后再更换导电嘴座。

⑨ 更换清理焊枪部件时需要用专用工具完成，不得采用硬物敲击、偏口钳夹持等严重影响焊枪使用的方法。

⑩ 使用焊枪后，应用压缩空气吹扫送丝管和焊枪，防止焊屑影响送丝，损坏焊枪。

⑪ 如遇送丝不畅，应更换送丝管、导丝管、导电嘴等，并检查送丝机的送丝轮，压力过小会影响送丝，压力过大会伤害焊丝表面，影响引弧稳定。

第2章

工业机器人的操作与运维基础

2.1 机械识图

2.1.1 机械识图基础

（1）图纸幅面及格式（GB/T 14689—2008）

1）图纸幅面尺寸

绘制机械图样时，应优先选用表 2-1 中的基本幅面。必要时，也允许选用表 2-2 中第二选择的加长幅面和第三选择的加长幅面。加长幅面是由基本幅面的短边成整数倍增加后得出的。

表 2-1 基本幅面 （单位：mm）

幅面代号	A0	A1	A2	A3	A4
$B \times L$	841×1189	594×841	420×594	297×420	210×297
e	20			10	
c	10			5	
a	25				

表 2-2 加长幅面 （单位：mm）

第二选择		第三选择			
幅面代号	$B \times L$	幅面代号	$B \times L$	幅面代号	$B \times L$
A3×3	420×891	A0×2	1189×1682	A3×5	420×1486
A3×4	420×1189	A0×3	1189×2523	A3×6	420×1783
A4×3	297×630	A1×3	841×1783	A3×7	420×2080
A4×4	297×841	A1×4	841×2378	A4×6	297×1261
A4×5	297×1051	A2×3	594×1261	A4×7	297×1471
		A2×4	594×1682	A4×8	297×1682
		A2×5	594×2102	A4×9	297×1892

2）图框格式

在图纸上必须用粗实线绘制图框线，其格式分为留有装订边和不留装订边两种，但同一产品的图样只能采用一种格式。不留装订边的图纸，其图框格式如图 2-1 所示。留有装订边的图纸，其图框格式如图 2-2 所示。

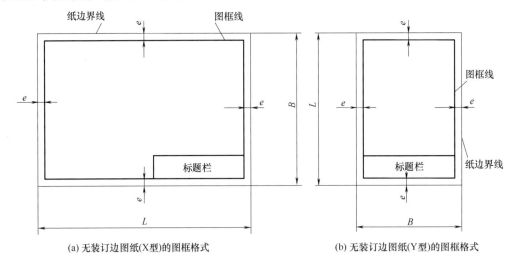

(a) 无装订边图纸(X型)的图框格式　　　(b) 无装订边图纸(Y型)的图框格式

图 2-1　不留装订边的图框格式

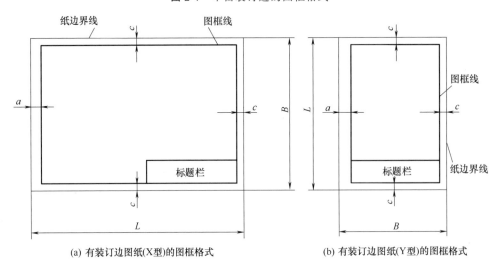

(a) 有装订边图纸(X型)的图框格式　　　(b) 有装订边图纸(Y型)的图框格式

图 2-2　留有装订边的图框格式

加长幅面的图框尺寸是按比所选用的基本幅面大一号的图框尺寸确定。例如 A2×3 的图框尺寸，按 A1 的图框尺寸确定，即 e 为 20（或 c 为 10）；而 A3×4 的图框尺寸，按 A2 的图框尺寸确定，即 e 为 10（或 c 为 10）。

3）标题栏的方位与格式

① 标题栏的方位。

每张图纸上都必须画出标题栏。标题栏的位置应位于图纸的右下角，如图 2-1 和图 2-2 所示。当标题栏的长边置于水平方向并与图纸的长边平行时，则构成 X 型图纸，如图 2-1（a）、图 2-2（a）所示；当标题栏的长边与图纸的长边垂直时，则构成 Y 型图纸，如图 2-1（b）、图 2-2（b）所示。此时，看图的方向与看标题栏的方向一致。

② 对中符号。

为了使图样复制和缩微摄影时定位方便，应在图纸各边长的中点处分别画上对中符号。对中符号用粗实线绘制，宽度不小于 0.5mm，长度从纸边界开始至伸入图框约 5mm，如图 2-3、图 2-4 所示。当对中符号处在标题栏范围内时，则伸入标题栏部分省略不画，如图 2-4 所示。

③ 方向符号。

若使用预先印制好的图纸，为了明确绘图和看图时图纸的方向，应在图纸的下边对中符号处画出一个方向符号，方向符号是用细实线绘制的等边三角形，其大小和所处的位置如图 2-5 所示。

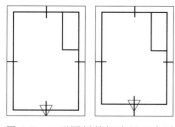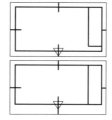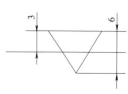

图 2-3　X 型图纸的短边置于水平　　　图 2-4　Y 型图纸的长边置于水平　　　图 2-5　方向符号

④ 标题栏的格式。

国家标准 GB/T 10609.1—2008 对标题栏的格式做了统一规定，如图 2-6 所示。但在校学习期间的制图作业中，可采用图 2-7 所示的推荐格式。

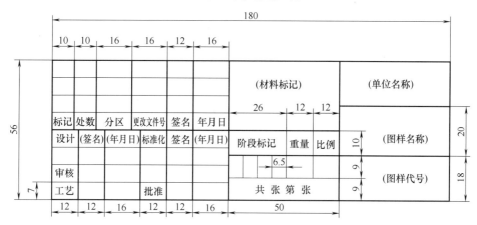

图 2-6　标题栏的格式及各部分的尺寸

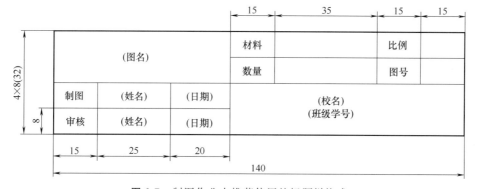

图 2-7　制图作业中推荐使用的标题栏格式

（2）图线（GB/T 17450—1998、GB/T 4457.4—2002）

国家标准《技术制图 图线》规定了绘制各种技术图样的15种基本线型，机械图样中规定了9种线型，如表2-3所示。

表2-3　图线的规格及应用

图线名称	图线形式	图线宽度	一般应用
粗实线	——————	b	可见轮廓线、可见过渡线
细实线	————————	约 $b/3$	尺寸线及尺寸界线、引出线、辅助线、剖面线、分界线及范围线、不连续的同一表面的连线、重合剖面的轮廓线、弯折线（如展开图中的弯折线）、螺纹的牙底线及齿轮的齿根线、成规律分布的相同要素的连线
波浪线	∿∿∿∿	约 $b/3$	断裂处的边界线、视图和剖视的分界线
双折线	⌇⌇⌇	约 $b/3$	断裂处的边界线
虚线	- - - - - - - -	约 $b/3$	不可见轮廓线、不可见过渡线
细点画线	— · — · —	约 $b/3$	轴线、对称中心线、轨迹线、节圆及节线
粗点画线	▬ · ▬ · ▬	b	有特殊要求的线或表面的表示线
双点画线	— · · — · · —	约 $b/3$	相邻辅助零件的轮廓线、坯料的轮廓线或毛坯图中制成品的轮廓线、极限位置的轮廓线、试验或工艺用结构（成品上不存在）的轮廓线、假想投影轮廓线、中断线
粗虚线	▬ ▬ ▬ ▬	b	允许表面处理的表示线

（3）字体（GB/T 14691—1993）

在图样中书写汉字、数字、字母时必须做到字体工整、笔画清楚、间隔均匀、排列整齐。字体的号数，即字体的高度 h，其公称尺寸系列为：20、14、10、7、5、3.5、2.5、1.8（单位：mm）。

1）汉字

汉字规定用长仿宋体书写，并采用国家正式公布的简化汉字。汉字的高度不应小于3.5mm，字体宽度一般为 $h/\sqrt{2}$。

2）字母和数字

字母和数字可写成直体和斜体。斜体字的字头向右倾斜，与水平基准线成75°。

（4）尺寸标注（GB/T 4458.4—2003）

图形只能表达机件的形状，而机件的大小必须通过尺寸标注才能确定。国标《机械制图 尺寸注法》（GB/T 4458.4—2003）中规定了标注尺寸的基本规则、符号和方法，在绘图时必须严格遵守这些规定。

1）标注尺寸的基本规则

① 机件的真实大小应以图样上所标注的尺寸数值为依据，与图形的大小及绘图的准确度无关。

② 图样中（包括技术要求和其他说明）的尺寸，以毫米为单位时，不需标注单位或名称。若采用其他单位，则应注明相应的单位符号。

③ 图样中所标注尺寸，为该图样所示机件的最后完工尺寸，否则需另加说明。

④ 机件的每一个尺寸，在图样上一般只可标注一次，并应标注在反映该结构最清晰的图形上。

2）标注尺寸的要素

一个完整的尺寸由尺寸界线、尺寸线、尺寸数字三个要素组成，如图2-8所示。尺寸界线和尺寸线画成细实线，尺寸数字一般注写在尺寸线的上方。尺寸线终端可以有箭头或斜线两种形式，箭头的大小与所绘制的图样大小和图线宽度有关，一般长度约等于6d（线宽），如图2-9所示。

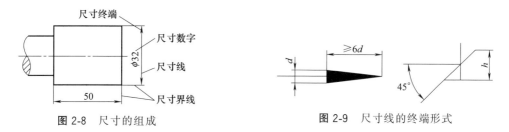

图2-8　尺寸的组成

图2-9　尺寸线的终端形式

3）常见其他情况的尺寸注法（表2-4）

表2-4　常见尺寸的标注方法

项目	图例	说明
尺寸界线	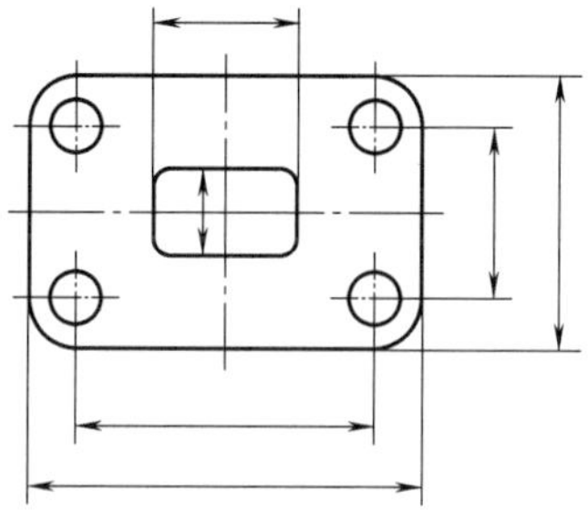	尺寸界线应由图形的轮廓线、轴线或对称中心线处引出；也可利用轮廓线、轴线或对称中心线作尺寸界线 尺寸界线一般应与尺寸线垂直并超过尺寸线约2～3mm
尺寸线	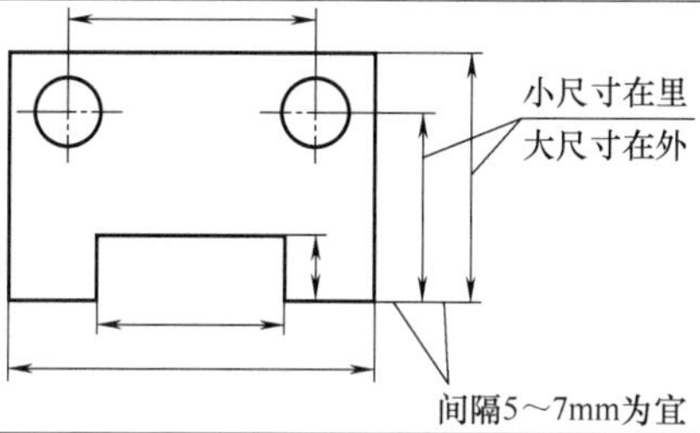 小尺寸在里 大尺寸在外 间隔5～7mm为宜	①尺寸线不能用其他图线代替，不得与其他图线重合或画在其延长线上 ②尺寸线应平行于被标注的要素，其间隔及两尺寸线间的间隔以5～7mm为宜。尺寸线间应尽量避免相交
尺寸数字	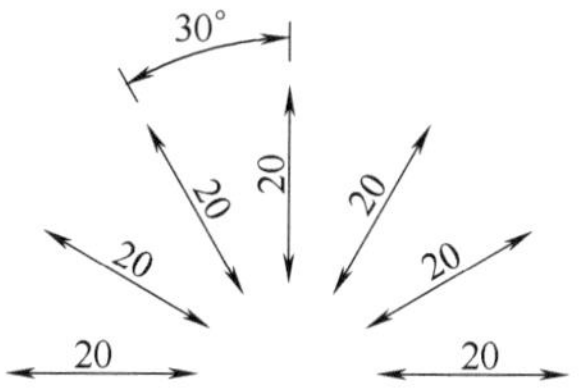 （a） 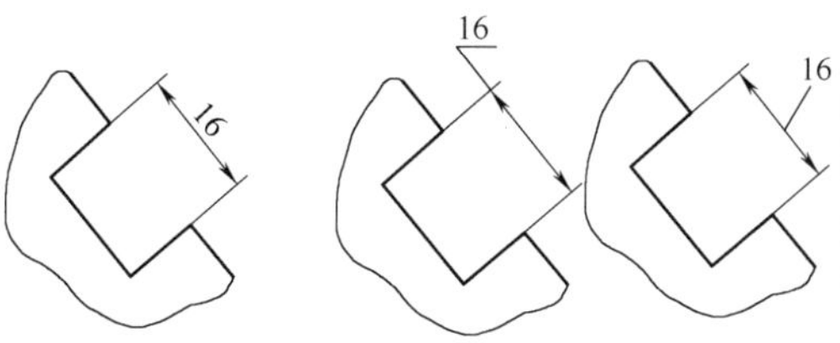 （b）	①尺寸数字一般书写在尺寸线上或中断处。线性尺寸数字的注写方法如图（a）所示，并尽可能避免在图示30°范围内标注尺寸，当无法避免时，可按图（b）所示的形式标注 ②尺寸数字不能被图样上的任何图线所通过，当不可避免时，必须将图线断开

项目	图例	说明
角度	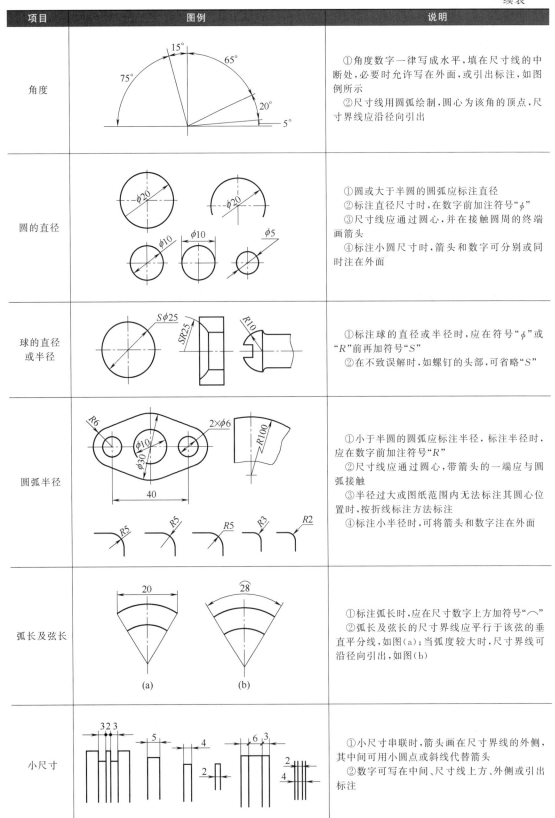	①角度数字一律写成水平,填在尺寸线的中断处,必要时允许写在外面,或引出标注,如图例所示 ②尺寸线用圆弧绘制,圆心为该角的顶点,尺寸界线应沿径向引出
圆的直径		①圆或大于半圆的圆弧应标注直径 ②标注直径尺寸时,在数字前加注符号"ϕ" ③尺寸线应通过圆心,并在接触圆周的终端画箭头 ④标注小圆尺寸时,箭头和数字可分别或同时注在外面
球的直径或半径		①标注球的直径或半径时,应在符号"ϕ"或"R"前再加符号"S" ②在不致误解时,如螺钉的头部,可省略"S"
圆弧半径		①小于半圆的圆弧应标注半径,标注半径时,应在数字前加注符号"R" ②尺寸线应通过圆心,带箭头的一端应与圆弧接触 ③半径过大或图纸范围内无法标注其圆心位置时,按折线标注方法标注 ④标注小半径时,可将箭头和数字注在外面
弧长及弦长		①标注弧长时,应在尺寸数字上方加符号"⌒" ②弧长及弦长的尺寸界线应平行于该弦的垂直平分线,如图(a);当弧度较大时,尺寸界线可沿径向引出,如图(b)
小尺寸		①小尺寸串联时,箭头画在尺寸界线的外侧,其中间可用小圆点或斜线代替箭头 ②数字可写在中间、尺寸线上方、外侧或引出标注

项目	图例	说明
相同的组成要素	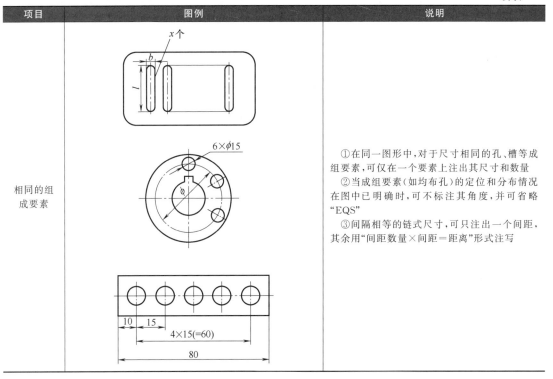	①在同一图形中,对于尺寸相同的孔、槽等成组要素,可仅在一个要素上注出其尺寸和数量 ②当成组要素(如均布孔)的定位和分布情况在图中已明确时,可不标注其角度,并可省略"EQS" ③间隔相等的链式尺寸,可只注出一个间距,其余用"间距数量×间距=距离"形式注写

4）标注尺寸的符号

标注尺寸时,应尽可能使用符号和缩写词。常用的符号和缩写词如表 2-5 所示。

表 2-5 常用的符号和缩写词

名称	符号	名称	符号	名称	符号	名称	符号
直径	ϕ	球直径	$S\phi$	45°倒角	C	埋头孔	∨
半径	R	球半径	SR	深度	↓	均布	EQS
厚度	t	正方形	□	沉孔或锪平	⊔		

2.1.2　视图

（1）投影

在日常生活中，人们根据光照射成影的物理现象，提出了用投射在平面上的图形表达空间物体形状的方法，即投影法。所得的图形称为物体的投影，投影所在的平面，称为投影面。常用的投影法有两类：中心投影法和平行投影法。

1）中心投影法

投射线汇交于一点的投影法称为中心投影法。如图 2-10 所示，点 S 称为投影中心，自投射中心 S 引出的射线称为投影线（如 SA、SB、SC），平面 H 称为投影

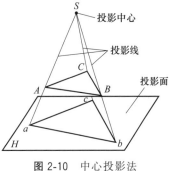

图 2-10　中心投影法

面。投射线 SA、SB、SC 与平面 H 的交点 a、b、c 就是空间点 A、B、C 在投影面 H 上的中心投影。$\triangle abc$ 即为空间的 $\triangle ABC$ 在投影面 H 上的投影。

用中心投影法绘制的图形有立体感，但不能真实地反映物体的形状和大小，这种方法常用于绘制建筑物的透视图，但在机械图样中一般不采用。

2）平行投影法

投射线都相互平行的投影法称为平行投影法，如图 2-11 所示。

按投影线与投影面的倾角不同，平行投影法又分为两种：

① 斜投影法——投射线与投影面相倾斜的平行投影法，如图 2-11（a）所示。

② 正投影法——投射线与投影面相垂直的平行投影法，如图 2-11（b）所示。

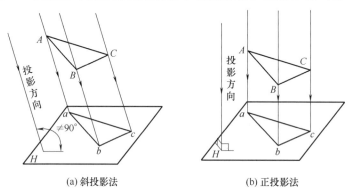

(a) 斜投影法 　　　　　　　　　(b) 正投影法

图 2-11　平行投影法

正投影法能够表达物体的真实形状和大小，绘制方法也较简单，已成为机械制图绘图的基本原理与方法。

（2）视图

用正投影法所绘制物体的图形，称为视图。视图主要用于表达物体的可见部分，必要时才画出其不可见部分。

1）基本视图

基本视图是物体向基本投影面投射所得的视图。基本投影面分六个，即正立面、水平面、侧立面、前立面、顶面、右侧立面。六个视图为主、俯、左、后、仰、右视图，如图 2-12 所示。为便于画图，基本视图要展开在同一平面上，如图 2-13 所示。基本视图的位置如图 2-14 所示。

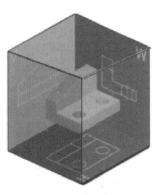

图 2-12　基本投影面

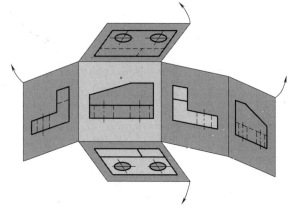

图 2-13　六个投影面的展开

2) 三视图

物体一个视图一般不能完全确定物体的形状和大小，如图 2-15 所示，形状不同的物体，它们在同一个投影面上的投影却相同。所以，要反映物体的真实形状，必须增加由不同投射方向得到的投影图，互相补充，才能将物体表达清楚。工程上常用三投影面体系来表达物体的形状。为了准确地反映物体的形状和大小，一般采用多面正投影图。

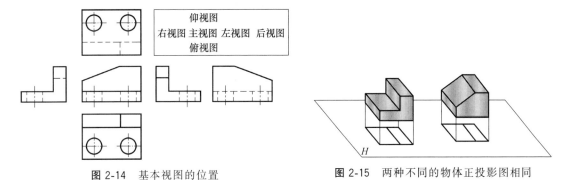

图 2-14　基本视图的位置　　　　　　　　图 2-15　两种不同的物体正投影图相同

① 三面投影体系。

如图 2-16 （a） 所示，设三个互相垂直的投影面，将空间分为八个分角，我国采用第一分角，如图 2-16 （b） 所示。

正立投影面——正立面的投影面，简称正面，用 V 表示。

水平投影面——水平位置的投影面，简称水平面，用 H 表示。

侧立投影面——右侧的投影面，简称侧面，用 W 表示。

三个投影面之间的交线，称为投影轴，V 面与 H 面的交线称为 OX 轴（简称 X 轴），它代表物体的长度方向；H 面与 W 面的交线称为 OY 轴（简称 Y 轴），它代表物体的宽度方向；V 面与 W 面的交线称为 OZ 轴（简称 Z 轴），它代表物体的高度方向。三个投影轴垂直相交的交点 O，称为原点。

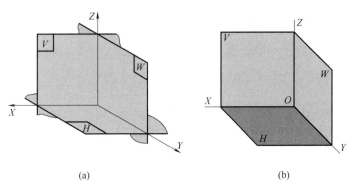

(a)　　　　　　　　　　　　　(b)

图 2-16　三面投影体系

② 三视图的形成。

如图 2-17 （a） 所示，将物体放在三投影面体系中，并使其主要表面与投影面平行，按正投影法向各投影面投射，即可得到主视图、俯视图和左视图。

主视图：由前向后投射，在正面上所得的投影图。

俯视图：由上向下投影，在水平面上所得的投影图。

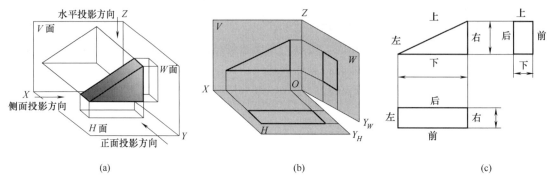

（a）　　　　　　　　　　　　　　　（b）　　　　　　　　　　　　　　　（c）

图 2-17　三视图的形成及展开

左视图：由左向右投影，在侧面上所得的投影图。

为了方便绘图，三面视图应该画在同一张图纸上，可将三投影面展开。正面 V 保持不动，水平面 H 绕 OX 轴向下旋转 90°，侧面 W 绕 OZ 轴向右旋转 90°，使三面共面，如图 2-17（b）（c）所示。在投影面展开时，OY 轴一分为二，在 H 面上的标记为 OYH，在 W 面上的标记为 OYW。画图时，通常省去投影面的边框和投影轴。在同一张图纸内按图示那样配置视图时，一律不注明视图的名称，如图 2-17（c）所示。

③ 三视图之间的对应关系。

• 位置关系。俯视图在主视图的正下方，左视图在主视图的正右方，如图 2-17（c）。

• 尺寸关系。主视图反映了物体的长和高，俯视图反映了长和宽，左视图反映了宽和高，且每两个视图之间有一定的对应关系。由此，可得到三个视图之间的如下投影关系：

a. 主、俯视图都反映物体的长度——即主、俯视图"长对正"。

b. 主、左视图都反映物体的高度——即主、左视图"高平齐"。

c. 俯、左视图都反映物体的宽度——即俯、左视图"宽相等"。

• 方位关系。物体具有左右、上下、前后六个方位。主视图反映上、下和左、右的相对位置关系，前后则重叠；俯视图反映前、后和左、右的相对位置关系，上下则重叠；左视图反映前、后和上、下的相对位置关系，左右则重叠。可见，俯、左视图中靠近主视图一侧均表示物体后面，远离主视图一侧均表示物体的前面。

3）向视图

向视图是可以移位配置的基本视图，向视图必须标注，如图 2-18 所示。

① 名称："×"（大写英文字母）。

② 方向：箭头、相应字母。

4）局部视图

局部视图是将物体的某一部分向基本投影面投影所得的视图，是不完整的基本视图。表达方法与标注，如图 2-19 所示。

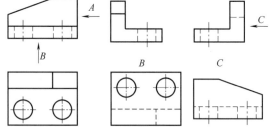

图 2-18　向视图的标注

① 局部视图尽量按投影关系配置，断裂边界以波浪线或双折线表示。当局部视图表达的是一个完整结构且轮廓线封闭时，波浪线可省略。

② 标注：与向视图的标注相同；如果局部按投影关系配置，中间无其他图形间隔时，可省略标注。

工业机器人操作与运维自学·考证·上岗一本通（初级）

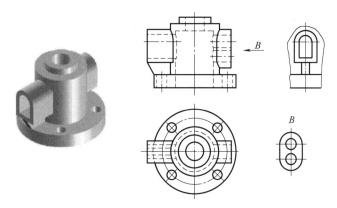

图 2-19　局部视图的画法与标注

5）斜视图

斜视图是物体向不平行于基本投影面的平面投影所得的视图。图 2-20 用于表达局部倾斜结构。画法、标注与局部视图相同。必要时，允许将斜视图旋转摆正，但要标注旋转符号。旋转符号是半径为字体高度的半圆，字母写在箭头端，也可在字母后面标注旋转角度，如图 2-20 所示。

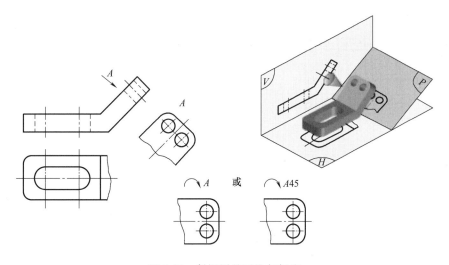

图 2-20　斜视图的画法与标注

（3）剖视图

视图主要用来表达机件的外部形状。当机件内部结构比较复杂时，视图上就会出现较多虚线而使图形不清晰，不便于看图和标注尺寸。为了清晰地表达机件的内部结构，常采用剖视这种表达方法。

1）剖面符号的画法

机件被剖开，剖切面与机件的接触部分（即剖面区域）要画出与材料相应的剖面符号，剖面符号的画法与机件的材料相关，见表 2-6。

不需要表达机件材料类别时，剖面符号可采用通用的剖面线表示，通用剖面线为间隔相等的平行细实线，绘制时最好与图形主要轮廓线或剖面区域的对称线成 45°。

表 2-6　剖面符号

材料名称	剖面符号	材料名称	剖面符号
金属材料（已有规定剖面符号者除外）		线圈绕组元件	
非金属材料（已有规定剖面符号者除外）		转子、变压器等的叠钢片	
型砂、粉末冶金、陶瓷、硬质合金等		玻璃及其他透明材料	
木质胶合板（不分层数）		格网（筛网、过滤网等）	
木材　纵剖面		液体	
木材　横剖面			

2）剖视图的种类

根据剖切范围的不同，剖视图分为全剖视图、半剖视图、局部剖视图。

① 全剖视图。

是用剖切面完全地剖开机件所得的剖视图。全剖视图适用于表达外形比较简单、内部结构较复杂且不对称的机件。如图 2-21 $A—A$、$B—B$ 所示。

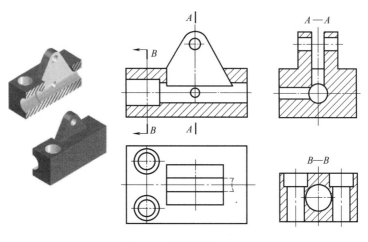

图 2-21　剖视图的配置

② 半剖视图。

当机件具有对称平面时，在垂直于对称平面的投影面上，可以对称中心线为界，一半画剖视，另一半画视图，这种剖视图称为半剖视图。半剖视图用于表达内外结构都需要表达的对称机件。如图 2-22 所示溢流阀壳体，左右对称，外有半圆凸台，内有阶梯孔等需要表达。主、俯视图都采用半剖视图。

③ 局部剖视图。

局部剖视图是用剖切面局部地剖切机件所得的剖视图，如图 2-23 所示。

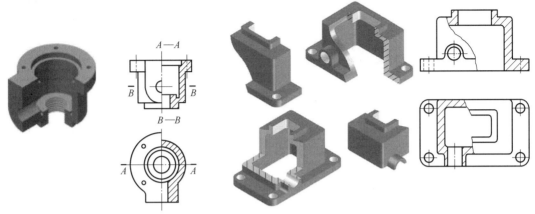

图 2-22　半剖视图　　　　　　　　　　　　　图 2-23　局部剖视图

2.1.3　标准件与常用件的表达方法

（1）螺纹和螺纹紧固件

1）螺纹的规定画法

为方便作图，国家标准规定了螺纹的画法，见表 2-7。

表 2-7　螺纹的画法

螺纹种类	图例	螺纹的画法	说明
外螺纹	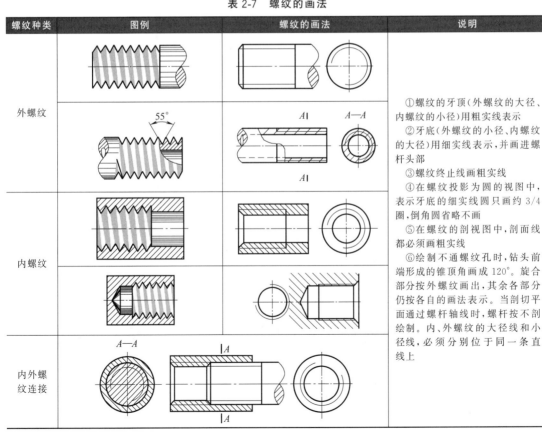		①螺纹的牙顶（外螺纹的大径、内螺纹的小径）用粗实线表示 ②牙底（外螺纹的小径、内螺纹的大径）用细实线表示，并画进螺杆头部 ③螺纹终止线画粗实线 ④在螺纹投影为圆的视图中，表示牙底的细实线圆只画约 3/4 圈，倒角圆省略不画 ⑤在螺纹的剖视图中，剖面线都必须画粗实线 ⑥绘制不通螺纹孔时，钻头前端形成的锥顶角画成 120°。旋合部分按外螺纹画出，其余各部分仍按各自的画法表示。当剖切平面通过螺杆轴线时，螺杆按不剖绘制。内、外螺纹的大径线和小径线，必须分别位于同一条直线上
内螺纹			
内外螺纹连接			

2）螺纹的标记方法（表2-8）

表 2-8　常用螺纹的规定标注

螺纹种类		标注方式	标注图例	说明
普通螺纹	粗牙	M12-5g6g 顶径公差带代号 中径公差带代号 螺纹大径		①螺纹的标记应注在大径的尺寸线或注在其引出线上 ②粗牙螺纹不标注螺距，细牙螺纹标注螺距
单线	细牙	M12×1.5-5g6g 螺距		
管螺纹	非螺纹密封的管螺纹	非螺纹密封的内管螺纹标记:G1/2 内螺纹公差只有一种，不标注		①右边的数字为尺寸代号，即管子内通径，单位为英寸。管螺纹的直径需查其标准确定。尺寸代号采用小一号的数字书写 ②在图上从螺纹大径画指引线进行标注
单线		非螺纹密封的外管螺纹标记:G1/2A 外螺纹公差分A、B两级，需标注		
梯形螺纹	单线	Tr48×8-7e 中径公差带代号		①单线螺纹只注螺距，多线螺纹注导程、螺距 ②旋合长度分为中等(N)和长(L)两组，中等旋合长度可以不标注
	多线	Tr40×14(P7)LH-7e 旋向 螺距 导程		

3）螺纹紧固件及其连接装配图的画法

① 螺纹紧固件及标记方法。

常见螺纹紧固件有螺栓、螺柱、螺钉、螺母和垫圈等，如表2-9所示。

表 2-9　螺纹紧固件的种类

六角头螺栓	内六角圆柱头螺栓	开槽沉头螺钉	开槽圆柱头螺钉
开槽锥端紧定螺钉	双头螺钉	六角螺母	六角开槽螺母
圆螺母	平垫圈	弹簧垫圈	止退垫圈

② 螺纹紧固件连接图的画法。

典型的连接结构，如图 2-24 所示。六角螺母、垫圈、六角头螺栓和螺柱等都可采用简化画法，省略角形成的曲线。连接图的画法如图 2-25 所示。

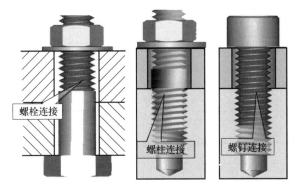

图 2-24　典型的连接结构

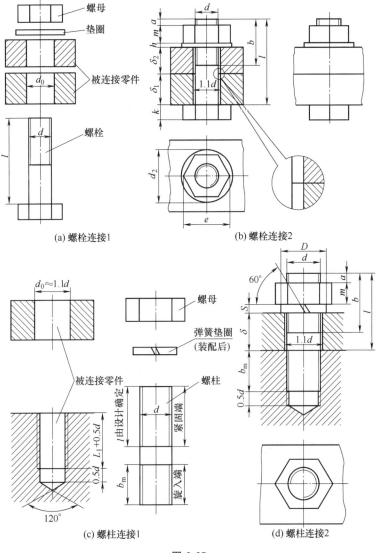

图 2-25

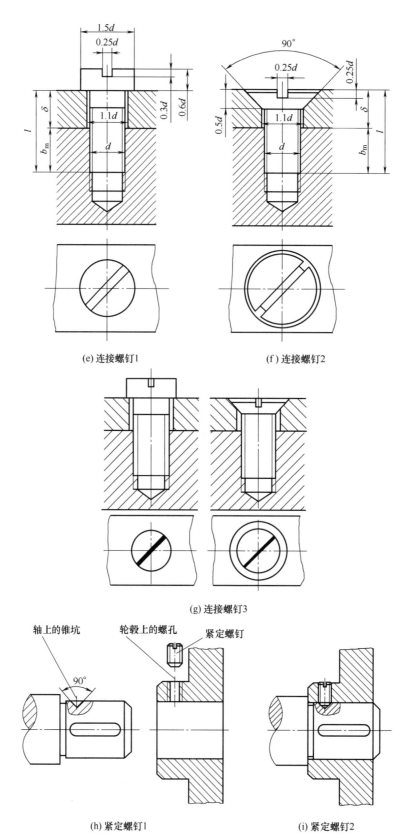

(e) 连接螺钉1

(f) 连接螺钉2

(g) 连接螺钉3

(h) 紧定螺钉1

(i) 紧定螺钉2

图 2-25　螺纹连接图的画法

工业机器人操作与运维自学·考证·上岗一本通（初级）

（2）齿轮的画法

1）圆柱齿轮各部分的名称和符号

圆柱齿轮各部分的名称如图 2-26 所示。

① 齿顶圆。通过轮齿顶部的圆，其直径用 d_a 表示。

② 齿根圆。通过轮齿根部的圆，其直径用 d_f 表示。

③ 分度圆。在标准齿轮上，齿厚 s 与齿槽宽 e 相等处的圆，分度圆直径用 d 表示，它是设计制造齿轮时计算各部分尺寸的基准圆。

④ 齿顶高。齿顶圆与分度圆之间的径向距离。用 h_a 表示。

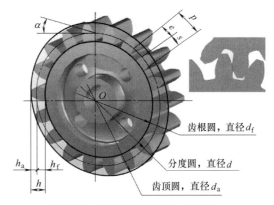

图 2-26　圆柱齿轮各部分的名称

⑤ 齿根高。齿根圆与分度圆之间的径向距离，用 h_f 表示。

⑥ 全齿高。轮齿在齿顶圆与齿根圆之间的径向距离，用 h 表示，$h = h_a + h_f$。

⑦ 齿距。分度圆上相邻两齿廓对应点之间的弧长，用 p 表示，$p = s + e$。

⑧ 中心距。两啮合齿轮轴线之间的距离，用 a 表示。

2）直齿圆柱齿轮的参数

① 齿数。齿轮上轮齿的个数，用 z 表示。

② 模数。齿距 p 与 π 的比值，用 m 表示。

为了设计和制造方便，已将模数的数值标准化。模数的标准值见表 2-10。

表 2-10　渐开线圆柱齿轮标准模数（摘自 GB/T 1357—1987）

第一系列	0.1,0.12,0.15,0.2,0.25,0.3,0.4,0.5,0.6,0.8,1,1.25,1.5,2,2.5,3,4,5,6,8,10,12,16,20,25,32,40,50
第二系列	0.35,0.7,0.9,1.75,2.25,2.75,(3.25),3.5,(3.75),4.5,5.5,(6.5),7,9,(11),14,18,22,28,(30),36,45

注：优先采用第一系列，其次是第二系列，括号内的模数尽量不用。

③ 齿形角。指通过齿廓曲线与分度圆的交点所作的切线与径向所夹锐角，用 α 表示。我国采用的标准齿形角 α 为 20°。两标准直齿圆柱齿轮正确啮合传动的条件是模数 m 和齿形角 α 相等。

3）直齿圆柱齿轮各部分尺寸的计算公式

齿轮的基本参数 z、m、α 确定后，齿轮各部分尺寸可按表 2-11 中的公式计算。

表 2-11　齿轮各部分尺寸计算公式

名称	代号	计算公式
齿顶高	h_a	$h_a = m$
齿根高	h_f	$h_f = 1.25m$
齿高	h	$h = 2.25m$
分度圆直径	d	$d = mz$
齿顶圆直径	d_a	$d_a = m(z+2)$
齿根圆直径	d_f	$d_f = m(z-2.5)$
中心距	a	$a = m(z_1 + z_2)/2$

4）单个圆柱齿轮的画法

在外形视图中，齿轮的齿顶圆和齿顶线用粗实线表示；分度圆和分度线用点画线表示；齿根圆和齿根线用细实线表示，可省略不画。剖视图时，齿根线用粗实线表示，轮齿按不剖绘制，如图 2-27 所示。

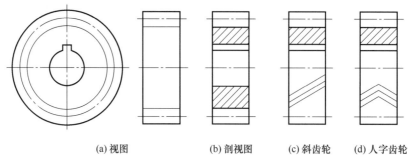

(a) 视图　　　　　　(b) 剖视图　　　(c) 斜齿轮　　(d) 人字齿轮

图 2-27　单个圆柱齿轮的画法

5）圆柱齿轮啮合画法

如图 2-28 所示，表达两啮合齿轮，一般采用两个视图。在垂直于齿轮轴线方向的视图中，它们的分度圆相切。齿顶圆有两种画法，如图 2-28（b）（c）所示。齿根圆和单个齿轮的画法相同。在剖视图中，规定将啮合区内一个齿轮的轮顶线用粗实线画出，另一个齿轮的轮顶线用虚线画出，也可省略不画，如图 2-28（a）所示。

在平行于齿轮轴线的视图中，啮合区的齿顶线和齿根线不必画出，只在分度线处画一条粗实线。如果需要表示轮齿的方向，画法与单个齿轮相同，如图 2-28（d）（e）（f）所示。

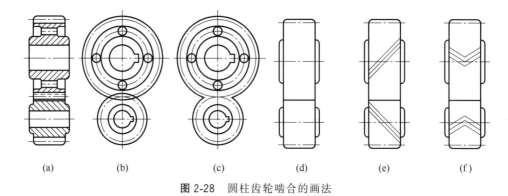

(a)　　　　　(b)　　　　　(c)　　　　　(d)　　　　　(e)　　　　　(f)

图 2-28　圆柱齿轮啮合的画法

2.1.4　零件上常见孔结构要素的标注方法

见表 2-12。

表 2-12　零件上常见孔结构要素的标注方法

零件结构要素		标注方法	说明
光孔	一般光孔	$4\times\phi4\,\overline{\underline{}}10$　　$4\times\phi4\,\overline{\underline{}}10$　　$4\times\phi4$	4 个光孔,孔直径为 4;孔深为 10

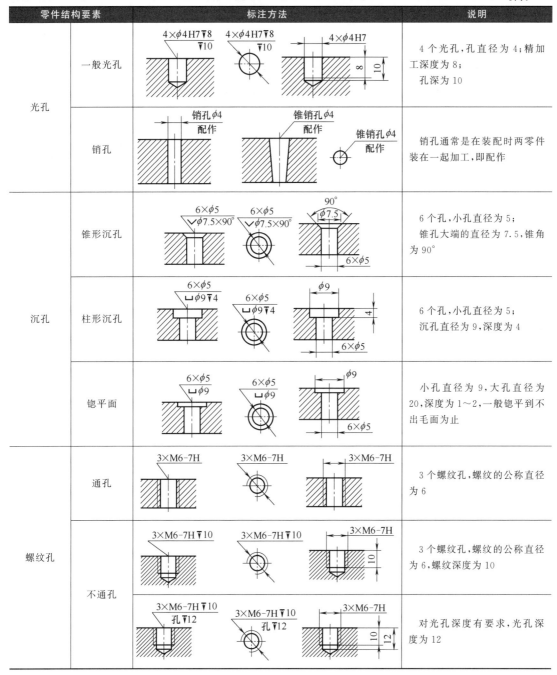

零件结构要素		标注方法	说明
光孔	一般光孔	4×φ4H7▽8 ▽10　4×φ4H7▽8 ▽10　4×φ4H7	4个光孔,孔直径为4;精加工深度为8;孔深为10
	销孔	销孔φ4 配作　锥销孔φ4 配作　锥销孔φ4 配作	销孔通常是在装配时两零件装在一起加工,即配作
沉孔	锥形沉孔	6×φ5 ▽φ7.5×90°　6×φ5 ▽φ7.5×90°　90° φ7.5 6×φ5	6个孔,小孔直径为5;锥孔大端的直径为7.5,锥角为90°
	柱形沉孔	6×φ5 ⊔φ9▽4　6×φ5 ⊔φ9▽4　φ9 4 6×φ5	6个孔,小孔直径为5;沉孔直径为9,深度为4
	锪平面	6×φ5 ⊔φ9　6×φ5 ⊔φ9　φ9 6×φ5	小孔直径为9,大孔直径为20,深度为1~2,一般锪平到不出毛面为止
螺纹孔	通孔	3×M6-7H　3×M6-7H　3×M6-7H	3个螺纹孔,螺纹的公称直径为6
	不通孔	3×M6-7H▽10　3×M6-7H▽10　3×M6-7H 10	3个螺纹孔,螺纹的公称直径为6,螺纹深度为10
		3×M6-7H▽10 孔▽12　3×M6-7H▽10 孔▽12　3×M6-7H 10 12	对光孔深度有要求,光孔深度为12

2.1.5 装配图

（1）组成

装配图是表达装配体（机器或部件）的图样，它表示了装配体的基本结构、各零件相对位置、装配关系和工作原理。设计新产品、改进原产品时，首先要绘制装配图，然后按照装配图设计并拆画出零件图，该装配图称为设计装配图。在使用产品时，装配图又是了解产品结构和产品调试与维修的主要依据。如图 2-29 所示，一张完整的装配图一般由以下四个方

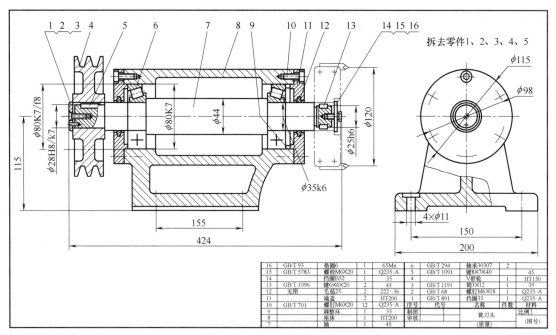

拆去零件1、2、3、4、5

16	GB/T 93	垫圈6	1	65Mn	6	GB/T 294	轴承30307	2	
15	GB/T 5783	螺栓M6×20	1	Q235-A	5	GB/T 1091	键8×7×40		45
14		挡圈B32	1	35	4		V带轮	1	HT150
13	GB/T 1096	键6×6×20	2	45	3	GB/T 1191	销3×12	1	35
12	无图	毛毡25	2	222-36	2	GB/T 68	螺钉M6×18	2	Q235-A
11		端盖	2	HT200	1	GB/T 891	挡圈35	1	Q235-A
10	GB/T 701	螺钉M6×20	12	Q235-A	序号	代号	名称	件数	材料
9		调整环		35	制图				
8		座体	1	HT200	审核		铣刀头		比例1
7		轴	1	45			(质量)		(图号)

图 2-29 铣刀头的装配图

面的内容组成。

1）一组图形

用以表达机器或部件的工作原理、装配关系、传动路线、连接方式及零件的基本结构。

2）必要的尺寸

表示装配体的规格、性能、装配、安装和总体尺寸等。

3）技术要求

在装配图空白处（一般在标题栏、明细栏的上方或左方），用文字或符号准确、简明地表示机器或部件的性能、装配、检验、调整等要求的内容都属于技术要求。

4）说明

标题栏、序号和明细栏用于说明装配体及其各零部件名称、数量和材料等。

（2）装配图的规定画法

为了便于区分不同的零件，正确表达零件间的关系，装配图在画法上有以下规定。

① 相邻两零件的接触面或基本尺寸相同的配合面只画一条线。基本尺寸不同的非配合面，必须画两条直线；间隙较小时，可采用夸大画法，也得画两条线。如图 2-30 所示。

② 在剖视图或断面图中，相邻两个零件的剖面线倾斜方向应相反，或方向一致而间隔不同。但在同一张图样上同一个零件在各个视图中的剖面线方向、间隔必须一致，如图 2-30 所示。

③ 在装配图中，若剖切平面通过实心零件（如轴、杆等）和标准件（如螺栓、螺母、销轴、键等）的基本轴线时，则按照不剖绘制，如图 2-30 所示。在这些实心零件上的孔、槽等结构需要表达时，可采用局部剖视。当剖切平面垂直于其轴线剖切时，则需要画出剖面线。

（3）装配图的特殊画法

1）沿零件结合面剖切或者拆卸画法

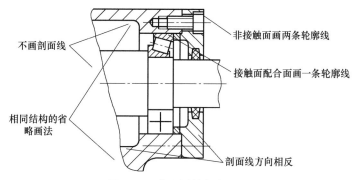

不画剖面线

非接触面画两条轮廓线

接触面配合面画一条轮廓线

相同结构的省略画法

剖面线方向相反

图 2-30　装配图的规定画法

在装配图中，当有的零件遮住了需要表达的其他结构或装配关系，而它在其他视图中已表示清楚时，可假设将其拆去，只画出那些需要表达的部分视图，并在该视图上方加注"拆去××等"字样，这种画法称为拆卸画法，如图 2-29 所示左视图。图 2-31 俯视图沿结合面剖切，结合面上不画剖面符号。

2）假想画法

在装配图中，当需要表示运动零（部）件的运动范围、极限位置或者需要表示与本部件有相互位置关系时，可用双点画线画出该相邻零（部）件的部分外形轮廓，如图 2-29 所示主视图用双点画线表示铣刀盘的外轮廓。

3）夸大画法

在装配图中，当有些零件无法按实际尺寸画出，或者虽然也能按实际画出，但不明显时，为了使图形表达清晰，可将其夸大画出。

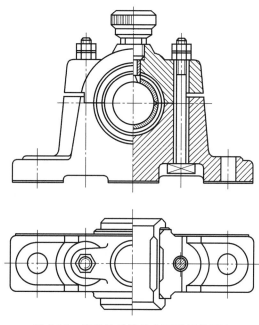

图 2-31　滑动轴承沿结合面剖切的画法

4）简化画法

在装配图中，零件的工艺结构如小圆角、倒角、退刀槽等允许不画出；螺栓、螺母的倒角和因倒角而产生的曲线允许省略。

（4）读装配图

1）读装配图的基本要求

① 了解部件的工作原理和使用性能。

② 弄清各零件在部件中的功能、零件间的装配关系和连接方式。

③ 读懂部件中主要零件的结构形状。

④ 了解装配图中标注的尺寸以及技术要求。

2）读装配图的步骤

① 概括了解。看标题栏→看明细栏→分析视图。通过标题栏了解装配体的名称；参阅产品说明书，了解部件的用途及使用性能；通过明细栏和视图，了解零件的种类、数量、位

置。分析视图时先找出主视图的表达方法，再根据投影关系和剖切位置符号，分析其他视图的名称和采用的表达方法，从而对装配体的结构大概了解。

② 分析零件的结构形状。按照先看主要零件，再看次要零件；先看容易分离的零件，再看其他零件；先分离零件，再分析零件的结构形状的顺序进行读图。分离零件时要根据剖面线的方向和间隔的不同及投影关系来区分形体。

③ 分析零件的装配关系、配合关系及连接方式。

④ 分析部件的工作原理。

⑤ 分析零部件的尺寸和技术要求。

2.2 公差配合及其标注

2.2.1 公差与配合

（1）零件的互换性

在成批生产进行机器装配时，要求一批相配合的零件只要按零件图要求加工出来，不经任何选择或修配，任取一对进行装配后，即可达到设计的工作性能要求，零件间的这种性质称为互换性。

（2）公差的基本术语和定义（表 2-13）

表 2-13　公差的基本术语

术语	含义	术语	含义
基本尺寸	设计时给定的尺寸	实际尺寸	加工后零件所得的尺寸,实际尺寸包含实际测量误差
极限尺寸	允许零件尺寸变化的两个界限值。它以基本尺寸为基数来确定,其中较大的一个称为最大极限尺寸,较小的一个称为最小极限尺寸	尺寸偏差	极限尺寸减去其基本尺寸所得代数差称为极限偏差。极限偏差分为上偏差和下偏差,上偏差等于最大极限尺寸减去基本尺寸,下偏差等于最小极限尺寸减去基本尺寸
尺寸公差	允许尺寸的变动量,简称公差。尺寸公差等于最大极限尺寸与最小极限尺寸之代数差或上偏差与下偏差之差	零线	在公差带图中,确定偏差的一条基准直线,通常取基本尺寸作为零线
尺寸公差带	由代表上、下偏差的两平行直线所限定的区域	公差带图	用适当的比例画成两个极限偏差表示的公差带,如图 2-32 所示

（3）配合

基本尺寸相同的、相互结合的孔和轴公差带之间的关系，称为配合。根据相互结合的孔与轴公差带之间的不同，国家标准规定配合分成三类，如图 2-33 所示。

1）间隙配合

保证具有间隙（包括最小间隙等于零）的配合。孔的公差带在轴的公差带之上。

2）过盈配合

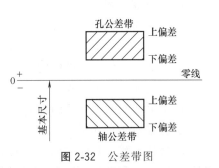

图 2-32　公差带图

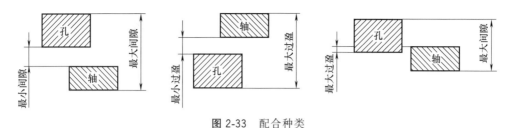

图 2-33　配合种类

保证具有过盈（包括最小过盈等于零）的配合。孔的公差带在轴的公差带之下。

3）过渡配合

可能具有间隙也可能具有过盈的配合。孔的公差带与轴的公差带相互交叠。

（4）标准公差与基本偏差

国家标准 GB/T 1800.1—2009 中规定，公差带是由标准公差和基本偏差组成。标准公差确定公差带的大小，基本偏差确定公差带的位置。

1）标准公差

国家标准所列的，用以确定公差带大小的任一公差。它的数值由基本尺寸和公差等级所确定。标准公差分为 20 个等级，即 IT01、IT0、IT1、IT2~IT18。IT 表示标准公差，数字表示公差等级，IT01 公差值最小，精度最高；IT18 公差值最大，精度最低。标准公差值可由表 2-14 中查出。标准公差决定单个尺寸在加工时所确定的精确程度。

表 2-14　标准公差数值（GB/T 1800.3—1998）

基本尺寸 /mm		标准公差等级																			
		μm													mm						
大于	至	IT01	IT0	IT1	IT2	IT3	IT4	IT5	IT6	IT7	IT8	IT9	IT10	IT11	IT12	IT13	IT14	IT15	IT16	IT17	IT18
—	3	0.3	0.5	0.8	1.2	2	3	4	6	10	14	25	40	60	0.1	0.14	0.25	0.40	0.60	1.0	1.4
3	6	0.4	0.6	1	1.5	2.5	4	5	8	12	18	30	48	75	0.12	0.18	0.30	0.48	0.75	1.2	1.8
6	10	0.4	0.6	1	1.5	2.5	4	6	9	15	22	36	58	90	0.15	0.22	0.36	0.58	0.90	1.5	2.2
10	18	0.5	0.8	1.2	2	3	5	8	11	18	27	43	70	110	0.18	0.27	0.43	0.70	1.10	1.8	2.7
18	30	0.6	1	1.5	2.5	4	6	9	13	21	33	52	84	130	0.21	0.33	0.52	0.84	1.30	2.1	3.3
30	50	0.6	1	1.5	2.5	4	7	11	16	25	39	62	100	160	0.25	0.39	0.62	1.00	1.60	2.5	3.9
50	80	0.8	1.2	2	3	5	8	13	19	30	46	74	120	190	0.30	0.46	0.74	1.20	1.90	3.0	4.6
80	120	1	1.5	2.5	4	6	10	15	22	35	54	87	140	220	0.35	0.54	0.87	1.40	2.20	3.5	5.4
120	180	1.2	2	3.5	5	8	12	18	25	40	63	100	160	250	0.40	0.63	1.00	1.60	2.50	4.0	6.3
180	250	2	3	4.5	7	10	14	20	29	46	72	115	185	290	0.46	0.72	1.15	1.85	2.90	4.6	7.2
250	315	2.5	4	6	8	12	16	23	32	52	81	130	210	320	0.52	0.81	1.30	2.10	3.2	5.2	8.1
315	400	3	5	7	9	13	18	25	36	57	89	140	230	360	0.57	0.89	1.40	2.30	3.60	5.7	8.9
400	500	4	6	8	10	15	20	27	40	63	97	155	250	400	0.63	0.97	1.55	2.50	4.00	6.3	9.7

注：基本尺寸小于或等于 1mm 时，无 IT14~IT18。

2）基本偏差

基本偏差是国家标准所列的，用以确定公差带相对于零线位置的上偏差或下偏差，一般指靠近零线的那个偏差。如图 2-34 所示，孔和轴的基本偏差系列共有 28 种。它的代号分别用大小写拉丁字母表示。大写表示孔，小写表示轴。当公差带在零线的上方时，基本偏差为下偏差，反之则为上偏差。基本偏差数值可从国标和有关手册中查得。

（5）基准制度

1）基孔制

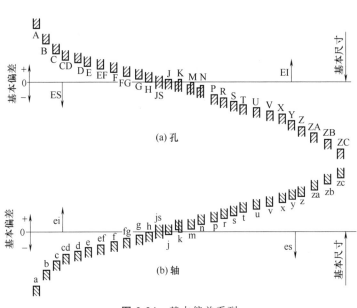

图 2-34 基本偏差系列

基本偏差为一定孔的公差带与轴的不同基本偏差的公差带形成各种配合的一种制度。基孔制的孔为基准孔，基本偏差代号为 H。

2）基轴制

基本偏差为一定轴的公差带与不同基本偏差的孔的公差带形成各种配合的一种制度。基轴制的轴为基准轴，基本偏差代号为 h。

公差在零件图中的标注如图 2-35 所示，配合在装配图中的标注如图 2-36 所示。

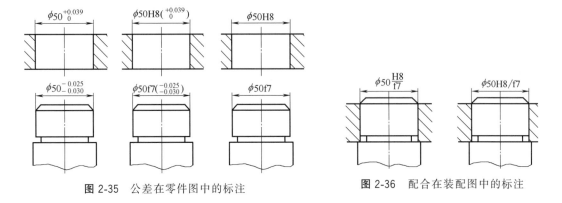

图 2-35 公差在零件图中的标注　　　　　图 2-36 配合在装配图中的标注

2.2.2 形位公差及其标注

形状公差和位置公差简称形位公差，它是指零件的实际形状和位置相对理想形状和位置的允许变动量。形位公差的分类和符号共有 14 项，分属形状公差、位置公差和形状或位置公差，见表 2-15 所示。形位公差代号和基准代号如图 2-37 所示。

表 2-15　几何公差的分类和基本符号

公差	特征项目	符号	基准要求
形状公差	直线度	——	无
	平面度	⬭	无

公差		特征项目	符号	基准要求
形状公差		圆度	○	无
		圆柱度	⌭	无
形状或位置		线轮廓度	⌒	有或无
		面轮廓度	⌓	有或无
位置公差	定向	平行度	∥	有
		垂直度	⊥	有
		倾斜度	∠	有
	定位	位置度	⊕	有或无
		同轴(同心)度	◎	有
		对称度	═	有
	跳动	圆跳动	↗	有
		全跳动	↗↗	有

图 2-37　形位公差代号和基准代号

2.2.3　表面粗糙度及标注

（1）表面粗糙度概念及评定参数

表面粗糙度是指零件加工表面上（如图 2-38）具有较小间距和峰谷所组成的微观集合形状特性，是评定零件表面质量的一项重要技术指标，也称表面结构要求。它对零件的配合、耐磨性、抗腐蚀性、密封性和外观等都有影响。评定表面粗糙度的主要参数有轮廓算术平均偏差（Ra）和轮廓最大高度（Rz），如图 2-39 所示。

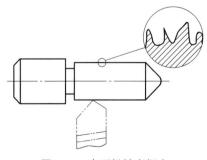

图 2-38　表面粗糙度概念

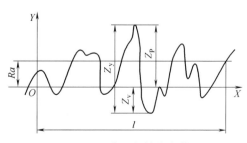

图 2-39　表面粗糙度参数

（2）表面粗糙度的标注

1）表面粗糙度的代（符）号及其画法

GB/T 131—2006 规定，表面粗糙度代号是由规定的符号和有关参数值组成。图样上表示零件表面粗糙度符号如表 2-16 所示。

表 2-16　表面粗糙度的符号

符号	意义	符号画法及特征注法
	基本符号，未指定工艺方法的表面，当通过一个注释解释时可单独使用	$H=1.4h$ 线宽 $=0.1h$ $h=$字高
	扩展图形符号，用去除材料的方法获得的表面，如 车、铣、刨、磨、钻等加工；仅当其含义是"被加工表面"时可单独使用	基本符号加一短线
	扩展图形符号，表示不去除材料的表面，如铸、锻冲压等；也可用于表示保持上道工序形成的表面，不管这种状况是通过去除材料还是不去除材料形成的	基本符号加一圆

表面粗糙度代号是在表面粗糙度符号的基础上，标注表面特征规定后组成的。各特征规定的标准位置，如图 2-40 所示。

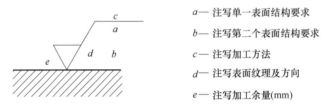

a—注写单一表面结构要求

b—注写第二个表面结构要求

c—注写加工方法

d—注写表面纹理及方向

e—注写加工余量(mm)

图 2-40　表面粗糙度参数的标注位置

2）表面粗糙度参数识读

在零件图中，表面粗糙度代号的高度参数，经常标注轮廓算术平均偏差 Ra 值，因此可省略 Ra 符号。表面粗糙度的高度参数示例，如表 2-17 所示。

表 2-17　表面粗糙度代号的解读

符号	意义
$Rz\,0.4$	表示不允许去除材料，单向上限值，默认传输带，R 轮廓，粗糙度的最大高度 $0.4\mu m$，评定长度为 5 个取样长度(默认)，"16%规则"(默认)
$U\,Ra\,\max 3.2$ $L\,Ra\,0.8$	表示不允许去除材料，双向极限值，两极限值均使用默认传输带，R 轮廓。上极限：算术平均偏差 $3.2\mu m$，评定长度为 5 个取样长度(默认)，"最大规则"。下极限：算术平均偏差 $0.8\mu m$，粗糙度的最大高度 $0.4\mu m$，评定长度为 5 个取样长度(默认)，"16%规则"(默认)
$Ra\,3.2$	表示去除材料，单向上限值，默认传输带，R 轮廓，粗糙度的算术平均偏差 $3.2\mu m$，评定长度为 5 个取样长度(默认)，"16%规则"(默认)
$Ra\,3.2$	表示任意加工方法，单向上限值，默认传输带，R 轮廓，粗糙度的算术平均偏差 $3.2\mu m$，评定长度为 5 个取样长度(默认)，"16%规则"(默认)
铣 $Ra\,3.2$ 2	表示铣削加工，加工余量为 2mm，单向上限值，默认传输带，R 轮廓，粗糙度的算术平均偏差 $3.2\mu m$，评定长度为 5 个取样长度(默认)，"16%规则"(默认)

3）表面粗糙度代号在图样上的标注

在零件图中，表面粗糙度标注总的原则是根据 GB/T 4458.4 的规定，使表面结构的注写和读取方向与尺寸的注写和读取方向一致，具体如表 2-18 所示。

表 2-18　表面粗糙度代（符）号在图样上的注写示例

注写示例	说明
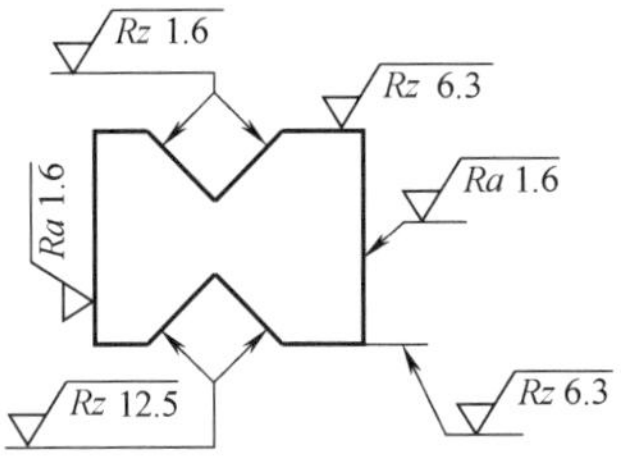	①表面结构要求可标注在轮廓线上，其符号应从材料指向并接触表面 ②必要时，表面结构符号也可用带箭头或黑点的指引线标注
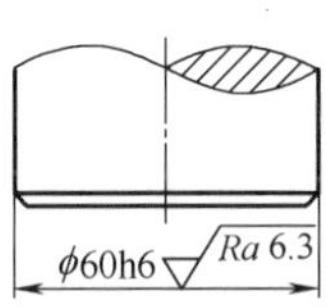	①在不致引起误解时，表面结构要求可以标注在给定的尺寸上 ②表面结构要求可标注在形位公差框格的上方
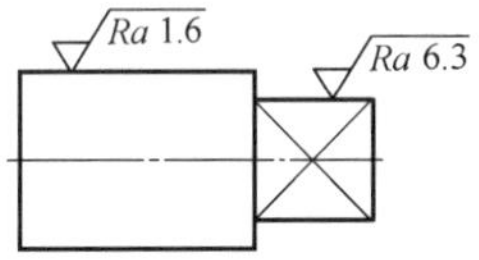	圆柱或棱柱表面的表面结构要求只标注一次，如上图，如果每个棱柱表面有不同的表面结构要求，则应分别单独标注，如下图
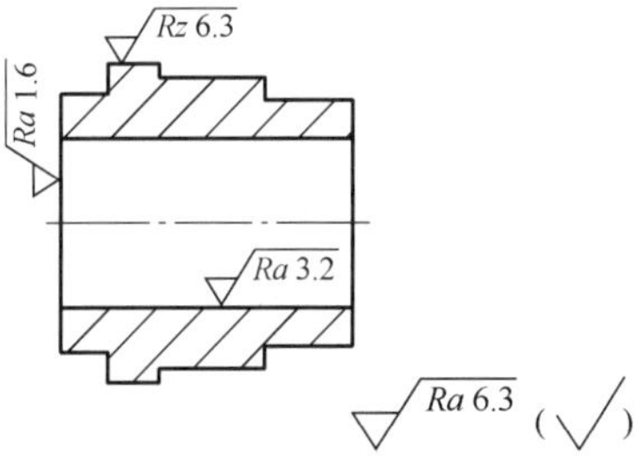	如果在工件的多数表面有相同的表面结构要求，则其表面结构要求可统一标注在图样的标题栏附近。此时，表面结构要求的符号后面应用： ①在圆括号内给出无任何其他标注的基本符号 ②在圆括号内给出不同的表面结构要求
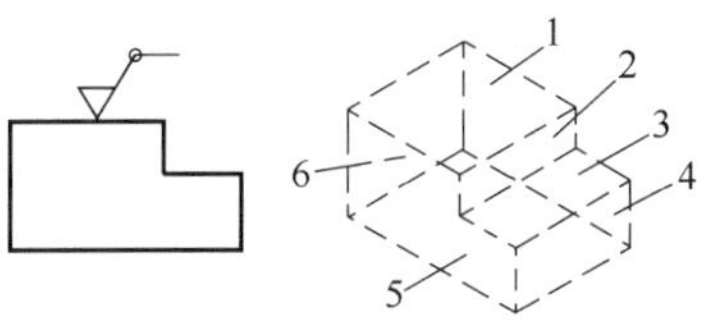	当在图样某个视图上构成封闭轮廓的各表面有相同的表面结构要求时，在完整图形符号上加一圆圈，标注在图样中工件的封闭轮廓线上

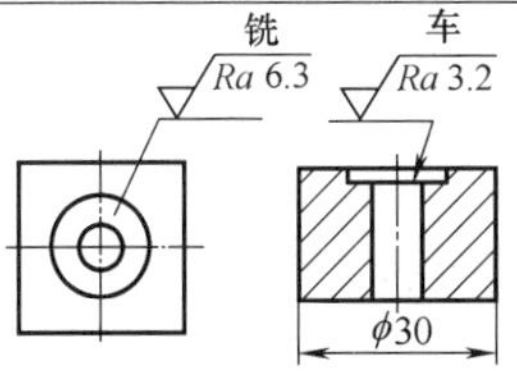

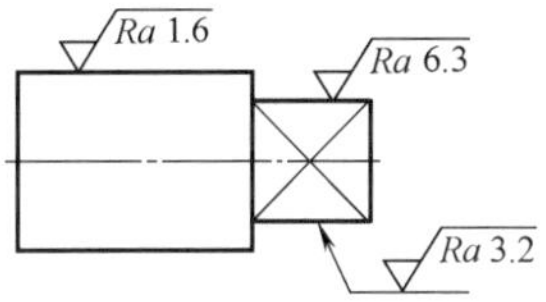

2.2.4 读零件图

阅读零件图是工程技术人员必备的能力。读零件图的目的是了解零件的名称、材料、功能、结构形状、质量及技术要求、加工方法等。

（1）读标题栏

从标题栏了解零件的名称、材料、比例、用途等信息。

（2）分析零件的视图表达方案

首先找出主视图，再根据对应关系、剖切位置、视图的投射方向，分析其他视图的名称、表达方法及各视图所表达的信息。

（3）想象零件的结构形状

运用形体分析法、线面分析法分线框对投影，想象形状，由大到小、由外向内、由整体到局部想象出零件各部分的结构、形状、相对位置，最后综合归纳，想象零件的总体结构形状。

（4）分析尺寸基准

了解尺寸基准及各部位的定形尺寸、定位尺寸和总体尺寸。

（5）看技术要求

了解表面粗糙度、尺寸公差、几何公差和其他技术要求。

2.3 液压与气动

2.3.1 液压传动

（1）液压传动系统的工作原理

如图 2-41 所示为液压千斤顶。在图 2-41（b）中活塞与缸体内壁间有着良好的密封，大小活塞可以分别在大小缸体内上下移动，形成一个容积可变的密封空间，当提起手柄，小活塞在小缸体内上移，其下部缸体内容积增大，形成局部真空，这时大活塞上的重物使大缸内

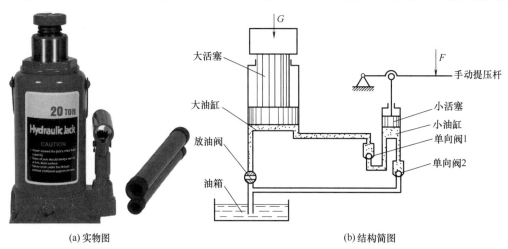

(a) 实物图   (b) 结构简图

图 2-41 液压千斤顶

的液压油作用在单向阀1上，单向阀1关闭，而油箱内液压油在大气压作用下，打开单向阀2进入小缸体，完成吸油；用力压下手柄，小活塞下移，其下腔内压力升高，单向阀2关闭，液压油打开单向阀1进入大缸体，迫使大活塞上移，顶起重物 G。再次提起手柄，大缸体内压力油使单向阀1自动关闭，小缸体下腔继续从油箱吸油。不断往复提压手柄，就能不断把油液压入大缸体下腔，使重物逐渐升起。如果将放油阀转过 90°，油液流回油箱，大活塞下移，重物回落。可见手柄、小缸体、小活塞、两个单向阀组成了手动液压泵。

液压传动是以油液作为工作介质，依靠密封容积的变化传递运动，依靠介质内压力传递动力的。其实质是能量转换，先将机械能转换成压力能，通过各种元件组成的控制回路实现能量控制，再将压力能转换成机械能。

（2）液压传动系统的组成（表2-19）

表2-19　液压传动系统的组成

名称	作用	具体组件
动力装置	把机械能转换成压力能的装置	液压泵
执行装置	把压力能转换成机械能的装置	液压缸、液压马达
控制调节装置	对液压与气压系统中流体的压力、流量和流动方向进行控制和调节的装置	单向阀、换向阀、节流阀、溢流阀等
辅助装置	保证液压系统能正常工作	除上述三部分以外的装置，如油箱、滤清器、蓄能器、管件、压力表等
工作介质	传递能量的载体。在系统中能传递能量，并起到润滑、防腐、防锈及冷却等作用	普通液压油、自动变速器油、助力转向泵油、机油等

（3）液压气动系统图形符号（表2-20~表2-24）

表2-20　基本符号管路及连接

名称	符号	名称	符号
工作管路	———————	管端连接于油箱底部	
控制管路	– – – – – – – –	密闭式油箱	
连接管路		直接排气	
交叉管路		带连接措施的排气	
软管总成		带止回阀的快换接头	
组合元件线	— – – —	不带止回阀的快换接头	
管口在液面以上的油箱		单通路旋转接头	
管口在液面以下的油箱		三通路旋转接头	

表 2-21 控制机构和控制方法

名称	符号	名称	符号
具有可调行程限制装置的顶杆		双作用电磁铁	
手动锁定控制机构		用作单方向行程操纵的滚轮杠杆	
踏板式人力控制		加压或泄压控制	
使用步进电机的控制机构		内部压力控制	45°
单作用电磁铁连续控制		外部压力控制	
双作用电气控制机构		液压先导控制	
单作用电磁铁		电-液先导控制	
双作用电气控制机构连续控制		电磁-气压先导控制	

表 2-22 泵马达和缸

名称	符号	名称	符号
单向定量液压泵		单向变量液压泵	
双向变量马达		双向变量液压泵	
双向定量液压泵		摆动泵	
单向定量马达		单作用弹簧复位缸	详细符号　简化符号
双向定量马达		单作用伸缩缸	
单向变量马达		定量液压泵-马达	

名称	符号	名称	符号
变量液压泵-马达	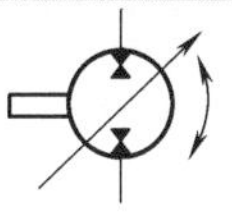	双作用单活塞杆缸	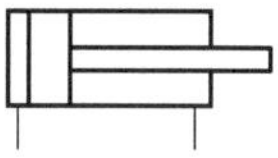
液压源		双作用双活塞杆缸（左右终点带限位开关）	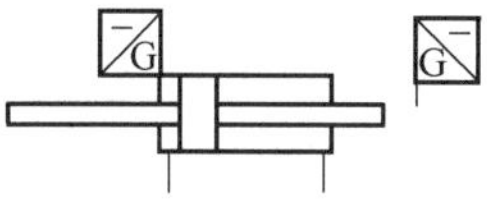
压力补偿变量泵	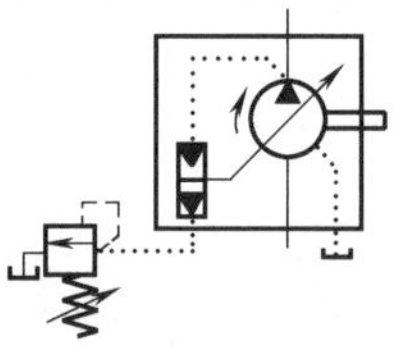	双向缓冲缸（可调）	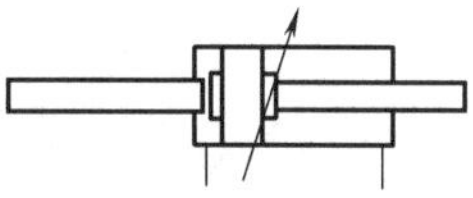
单作用单杆缸	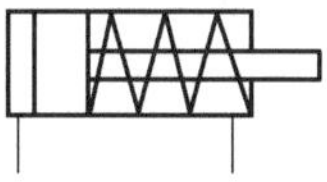	双作用伸缩缸	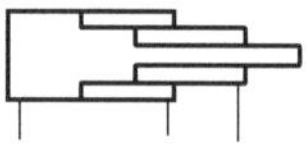

表 2-23　控 制 件

名称	符号	名称	符号
直动型溢流阀	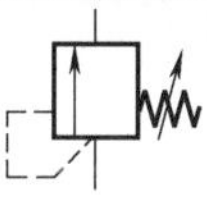	三通减压阀	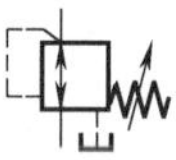
先导型溢流阀	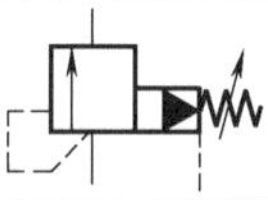	可调节流量控制阀 单向自由流动	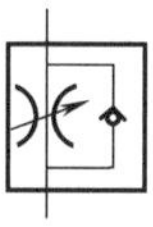
三通减压阀	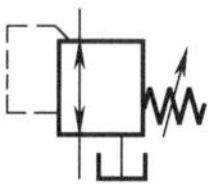	可调节流量控制阀	
直动型减压阀	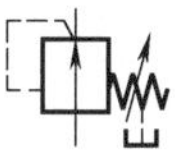	调速阀	
顺序阀 带有旁通阀		温度补偿调速阀	
不可调节流阀		带消声器的节流阀	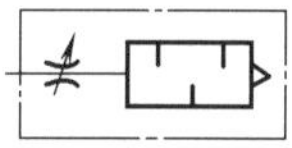
先导型减压阀	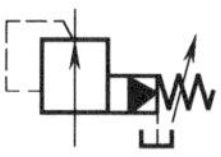	二位二通换向阀	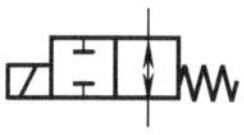
直动型顺序阀	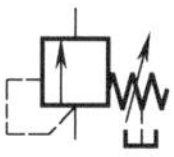	二位三通换向阀	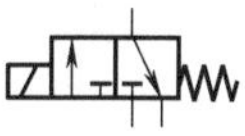
先导型顺序阀	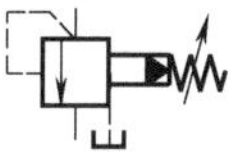	二位四通换向阀	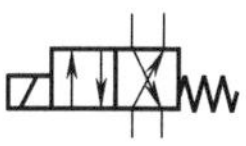
流量控制阀	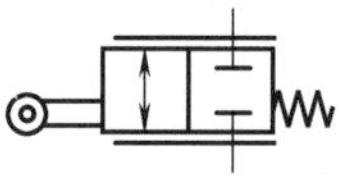		

第2章　工业机器人的操作与运维基础

名称	符号	名称	符号
单向阀有复位弹簧常闭		液压锁	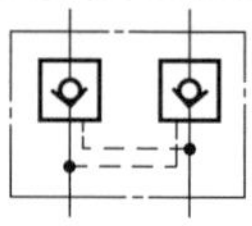
双单向阀先导式	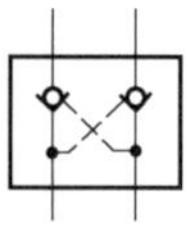	快速排气阀	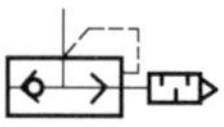

表 2-24　辅助元件

名称	符号	名称	符号
过滤器	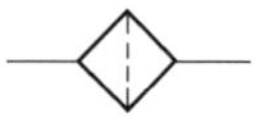	原动机	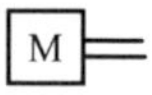
磁心过滤器		温度计	
带压力表的过滤器	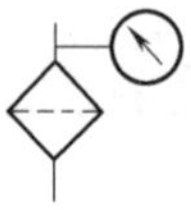	手动排水流体分离器	
冷却器		自动排水流体分离器	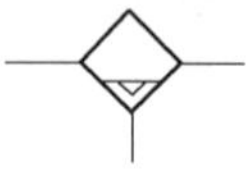
加热器		带手动排水分离器的过滤器	
流量计		吸附式过滤器	
压力继电器	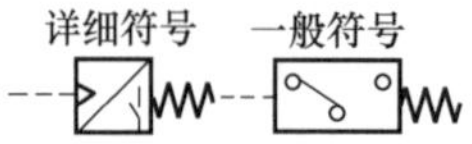 详细符号　一般符号	油雾分离器	
压力测量单元(压力表)		手动排水式油雾器	
隔膜式充气蓄能器		空气干燥器	
囊隔式充气蓄能器		油雾器	
活塞式充气蓄能器		气源调节装置	
	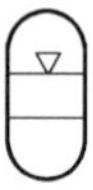	消声器	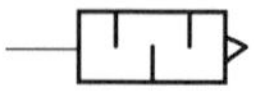
液位指示器(液位计)	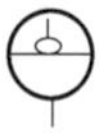	气-液转换器	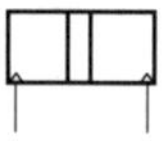
电动机	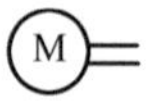 M	气压源	

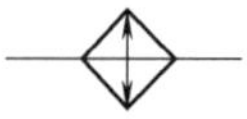

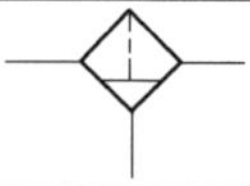

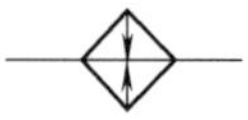

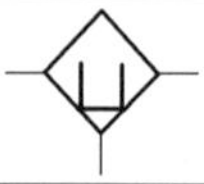

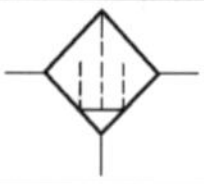

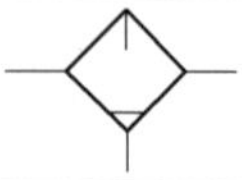

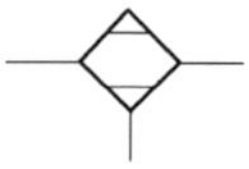

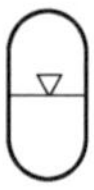

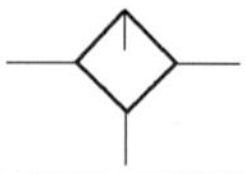

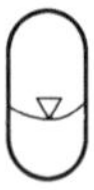

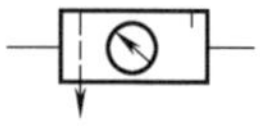

工业机器人操作与运维自学·考证·上岗一本通（初级）

（4）液压系统辅助元件

一个液压系统中，液压油的储备、压力的监测、油液的杂质过滤等都需要有专用元件来配合工作，对系统的动态性能、工作稳定性、工作寿命、噪声和温升等都有直接影响。否则液压系统将无法工作。液压系统中的辅助元件有油箱、滤油器、蓄能器、热交换器、管件等。

1）油箱

油箱在液压系统中除了储油外，还起着散热、分离油液中的气泡、沉淀杂质等作用。油箱中安装有很多辅件，如冷却器、加热器、空气过滤器及液位计等。

2）滤油器

液压系统中的大多数故障是由于介质中混有杂质而造成的，油液中的污染物会使液压组件等内部相对运动部分划伤、磨损、卡滞、堵塞阀口等，使系统工作可靠性降低，使用寿命减少。因此要对油液进行过滤。滤油器按其过滤精度（滤去杂质的颗粒大小）的不同，有粗滤油器（滤去大于 $100\mu m$ 的杂质）、普通滤油器（滤去 $10\sim100\mu m$ 的杂质）、精密滤油器（滤去 $5\sim10\mu m$ 的杂质）和特精滤油器（滤去 $1\sim5\mu m$ 的杂质）四种。

常用的滤油器按其滤芯材料和结构形式主要有网式、线隙式、烧结式、纸质及磁性滤油器等类型，见表 2-25。

表 2-25　滤油器的性能特点及应用

滤油器类型	图例	实物	性能特点及应用
网式滤油器	上盖／圆筒／钢丝网／下盖		结构简单，流通能力强，清洗方便，但过滤精度低。通常安装在系统泵入口处作为粗滤
线隙式滤油器	壳体／滤芯／芯架		结构简单，流通能力强，过滤精度高，不易清洗，用于低压管道中或辅助回路中
	手柄／滤芯轴／固定螺栓／放油螺塞／刮片固定杆／过滤片／隔片／刮片		过滤效率高，具有较好的过滤性能，但结构复杂。其通常安装在系统泵出口处作为粗滤

滤油器类型	图例	实物	性能特点及应用
烧结式滤油器			过滤精度高,滤芯能承受高压,但金属颗粒容易脱落,堵塞后不易清洗,适用于精过滤
纸质滤油器			过滤精度高,但堵塞后无法清洗,必须更换纸芯。通常用于精过滤
磁性滤油器			利用磁铁吸附油液中的铁质微粒,特别适合于产生钢铁材料磨损的液压系统

3) 管件

管件包括油管、管接头和法兰等。油管和管接头是各组件组成系统时必需的连接和输油组件。

① 油管的功能是连接液压元件,传输液压油和传递压力能。在液压系统中使用的油管种类很多,如表 2-26 所示。固定组件间的油管常用硬管,有相对运动的组件之间常用软管。

表 2-26 液压系统常用油管及其性能特点

种类		性能特点
硬管	钢管	承受高压、价格低廉、耐腐性好、刚性好,但装配时不能任意成形
	紫铜管	容易变成各种形状,材料价格高,抗振能力及承压能力有限
软管	尼龙管	加热后可任意成形和扩口,冷却后定型,承压能力因材质而异
	塑料管	重量轻,耐油,价格便宜,装配方便,承压能力低,易变质老化
	橡胶管	安装方便,能吸收部分液压冲击,耐压能力差

② 管接头是连接油管和油管、油管与液压件的可拆卸连接。其按与油管的连接方式不

同可分为卡套式、焊接式、扩口式、扣压式等。液压系统常用的管接头，见表 2-27。

表 2-27　液压系统中常用的管接头

分类	结构图例	实物图例	性能特点
扩口式管接头	接头体　锁紧螺母　套管　油管		被扩口的管子只能是薄壁且塑性好的管子，适用于紫铜管、薄钢管、尼龙管和塑料管等低压管道的连接
焊接式管接头	组合密封圈　O形　锁紧螺母 密封圈　接管 接头体 (a) 接管　接头体 (b)		接管与接头体之间的密封方式有 O 形圈密封(图 a)，可靠性好，可用于高压系统；球面与锥面接触密封(图 b)，有自位性，但密封可靠性稍差，适用于压力不高的系统。焊接式管接头只能用于连接厚壁钢管
扣压式管接头	软管　接头外套　接头芯		图为 A 型扣压式管接头，扣压式管接头具有较好的抗拔脱和密封性能，常应用于高压胶管的连接
夹紧式管接头	旋接接头　锁紧螺母　塑料软管		锁紧螺母用于夹紧软管，适用于中、低压软管的连接
快速管接头	接头体　弹簧　钢球　外套　接头芯　弹簧座 单向阀　　　　单向阀		全称为快速装拆管接头，它的装拆无须工具，只用于经常装拆的场合

4）蓄能器

蓄能器的功用主要是储存油液多余的压力能，并在需要时释放出来。在液压系统中蓄能器功用如下：

① 在短时间内供应大量压力油液。在系统不需大量油液时，可以把液压泵输出的多余压力油液储存在蓄能器内，到需要时再由蓄能器快速释放给系统。

② 维持系统压力。在液压泵停止向系统提供油液的情况下，蓄能器能把储存的压力油液供给系统，补偿系统泄漏或充当应急能源，使系统在一段时间内维持系统压力，避免停电或系统发生故障时油源突然中断所造成的机件损坏。

③ 减小液压冲击或压力脉动：蓄能器能吸收系统脉动，缓和液压冲击，大大减小脉动和冲击的幅值。

（5）液压系统在工业机器人上的应用

图 2-42 所示为采用四根导向柱的臂部伸缩机构。手臂的垂直伸缩运动由油缸 3 驱动，其特点是行程长，抓重大。工件形状不规则时，为了防止产生较大的偏重力矩，可用四根导向柱，这种结构多用于箱体加工线上。

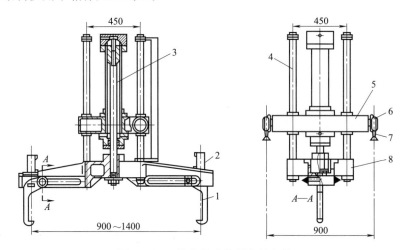

图 2-42　四导向柱式臂部伸缩机构

1—手部；2—夹紧缸；3—油缸；4—导向柱；5—运行架；6—行走车轮；7—轨道；8—支座

2.3.2　气动系统

图 2-43 为两种控制方法，一般的气动系统由气源装置、执行组件、控制组件、辅助组件及工作介质几个部分组成，其作用见表 2-28。其图形符号见表 2-20～表 2～24。

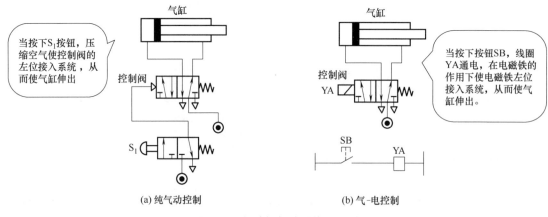

图 2-43　气动门气动系统原理图

表 2-28　气压传动系统的组成

名称	作用	具体组件
气源装置	将原动机输出的机械能转变为空气的压力能	空气压缩机
执行组件	将空气的压力能转变为机械能的能量转换装置	气缸和气马达
控制组件	用来控制压缩空气的压力、流量和流动方向,以保证执行元件具有一定的输出力和速度,以正常工作	压力阀、流量阀、方向阀和逻辑阀等
辅助组件	用于辅助保证气动系统正常工作的一些装置	干燥器、空气过滤器、消声器和油雾器、气压表等
工作介质	传递能量的载体,在系统中具有传递能量等作用	压缩的空气

气源装置是为气动系统提供合乎质量要求的压缩空气,是气动系统的动力源。气源装置由气源发生装置(即空气压缩机)、气源净化装置和气源调节装置三部分组成。

空气压缩机是气压发生装置,是将原动机输出的机械能转换为气体压力能的转换装置,简称空压机。空气压缩机按不同的分类标准有不同的分类,具体分类见表 2-29。其组成如图 2-44 与表 2-30 所示。

表 2-29　空气压缩机的分类

分类方法	基本形式		说明
按工作原理分	容积型	往复式 活塞式 膜片式	通过缩小气体的体积来提高气体压力的压缩机为容积型压缩机
		旋转式 滑片式 螺杆式	
	速度型	离心式	提高气体的速度,让动能转化成压力能来提高气体压力的压缩机称为速度型压缩机
		轴流式	
按输出压力分/MPa	低压空气压缩机		0.2～1.0
	中压空气压缩机		1.0～10
	高压空气压缩机		10～100
	超高压空气压缩机		＞100
按输出流量分/(m³/min)	微型		＜1
	小型		1～10
	中型		10～100
	大型		＞100

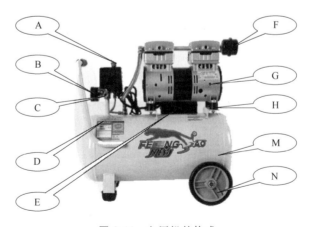

图 2-44　空压机的构成

表 2-30　空压机元件

序号	名称	说明
A	开关	简易开关,方便使用,按下为关,拔上为开
B	压力表	在使用时,须注意气压表显示,确保内部气压充足

序号	名称	说明
C	排气阀	全铜球阀型排气阀,安全方便
D	机身参数	直观了解空压机的最大气压、重量、型号等参数
E	电容	电机启动电容
F	进气过滤器	过滤进气口空气,也用作消声器,消除噪声
G	全铜电机	不过热、动力强劲
H	减振脚垫	电机工作时,减少对储气罐的振动
M	储气罐	可存储一定量的空气,方便使用
N	万向机轮	拖动或移动便携

ZHS-R002 机器人气动系统简图如图 2-45 所示。摆动气缸驱动连杆俯仰臂部机构,如图 2-46 所示,工业机器人上快换夹具的气路图如图 2-47 所示。

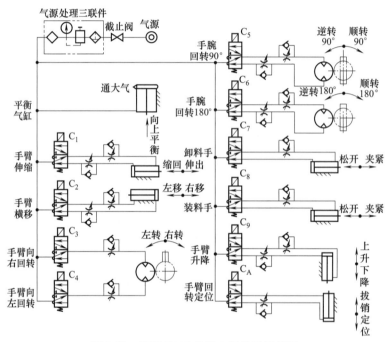

图 2-45 ZHS-R002 机器人气动系统简图

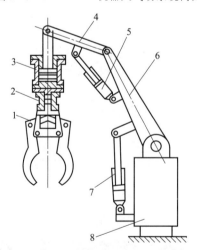

图 2-46 摆动气缸驱动连杆俯仰臂部机构

1—手部;2—夹紧缸;3—升降缸;4—小臂;5,7—摆动气缸;6—大臂;8—立柱

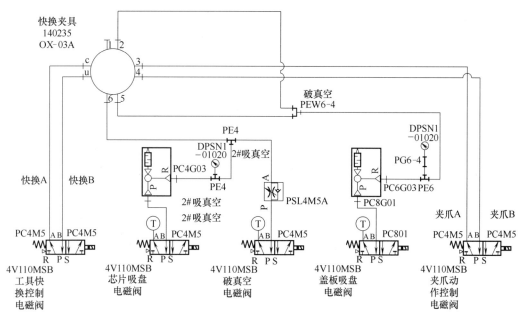

图 2-47 工业机器人上快换夹具的气路图

2.4 电气识图

2.4.1 工业机器人常用的电气元件

工业机器人常用的低压电气元件中部分元件在运行过程中频繁动作，因此电气元件的质量是工业机器人安全运行的重要因素之一，了解电气元件的工作原理，学会电气原理图的分析是工业机器人强电维修的必备基础。

（1）断路器

低压断路器过去叫做自动空气开关，现采用 IEC 标准称为低压断路器，如图 2-48 与图 2-49 所示。低压断路器是将控制电器和保护电器的功能合为一体的电器。它能有效地保护串接在它后面的电气设备。

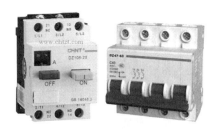

图 2-48　断路器

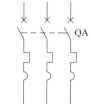

图 2-49　断路器图形符号

（2）接触器

接触器是用来频繁地接通或分断带有负载的主电路的自动控制电器，如图 2-50 与图 2-51 所示，由电磁机构、触点系统、灭弧装置等部件构成。

（3）继电器

继电器是一种根据输入信号的变化接通或断开控制电路，实现控制目的的电器，如图 2-52 与图 2-53 所示。

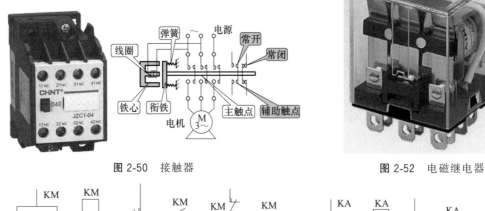

图 2-50　接触器

图 2-52　电磁继电器

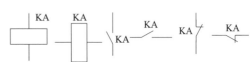

(a) 吸引线圈　　　(b) 常开触点　　　(c) 常闭触点　　　(a) 吸引线圈　　(b) 常开触点　(c) 常闭触点

图 2-51　接触器图形符号　　　　　　　　　图 2-53　电磁继电器图形符号

（4）变压器

变压器是一种将某一数值的交流电压变换成频率相同但数值不同的交流电压的静止电器，如图 2-54 与图 2-55 所示。

（5）灭弧器

消灭电弧防止电弧弧光短路，防止造成设备损毁，提高开关分断能力以及避免人员损伤，如图 2-56 与图 2-57 所示。

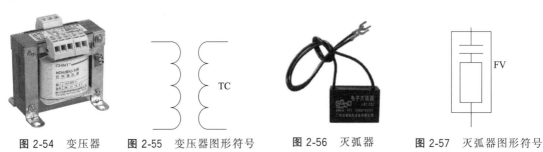

图 2-54　变压器　　图 2-55　变压器图形符号　　图 2-56　灭弧器　　图 2-57　灭弧器图形符号

（6）开关电源

开关电源被称作高效节能电源，因为内部电路工作在高频开关状态，所以自身消耗的能量很低，电源效率可达 80% 左右，比普通线性稳压电源提高近一倍。在工业机器人电路中为工业机器人提供 24V、5V 等直流电源，其符号如图 2-58 所示。

（7）熔断器

熔断器是一种广泛应用的最简单的有效的保护电器。一般由熔体、熔座组成。熔体一般由熔点低、导电性良好的合金材料制成，在工业机器人中起电路的保护作用，其符号如图 2-59 所示。

（8）急停开关

急停开关是主令控制电器的一种，当机器处于危险状态时，通过急停开关切断电源，停止设备运转，达到保护人身和设备安全的目的。急停开关通常为手动控制的按压式开关（按键为红色），串联接入设备的控制电路，用于紧急情况下直接断开控制电路电源，从而快速停止设备，避免非正常工作，如图 2-60 所示。

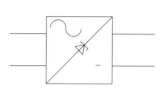

图 2-58　开关电源图形符号

图 2-59　熔断器图形符号

图 2-60　急停开关图形符号

（9）按钮

按钮通常用来接通或断开控制电路（其中电流很小），从而控制电动机或其他电气设备的运行。原来就接通的触点，称为常闭触点；原来就断开的触点，称为常开触点，如图 2-61 与图 2-62 所示。

图 2-61　按钮开关

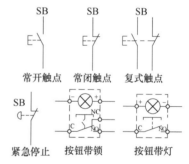

图 2-62　按钮图形符号

（10）工业机器人常用电气图形符号（表 2-31）

表 2-31　工业机器人常用电气图形符号

一、常用基本符号					
序号	名称	图形符号	序号	名称	图形符号
1	直流	——	6	中性点	N
2	交流	∿	7	磁场	F
3	交直流	∼	8	搭铁	⊥
4	正极	+	9	交流发动机输出接柱	B
5	负极	−	10	磁场二极管输出端	D+
二、导线端子和导线连接					
11	接点	•	14	导线的分支连接	
12	端子	○	15	导线的交叉连接	
13	导线的连接	○—○	16	屏蔽导线	

<table>
<tr><td colspan="6" align="center">三、触点开关</td></tr>
<tr><td>序号</td><td>名称</td><td>图形符号</td><td>序号</td><td>名称</td><td>图形符号</td></tr>
<tr><td>17</td><td>动合(常开)触点</td><td></td><td>23</td><td>凸轮控制</td><td></td></tr>
<tr><td>18</td><td>动断(常闭)触点</td><td></td><td>24</td><td>联动开关</td><td></td></tr>
<tr><td>19</td><td>先断后合的触点</td><td></td><td>25</td><td>手动开关的一般符号</td><td></td></tr>
<tr><td>20</td><td>旋转操作</td><td></td><td>26</td><td>按钮开关</td><td></td></tr>
<tr><td>21</td><td>推动操作</td><td></td><td>27</td><td>能定位的按钮开关</td><td></td></tr>
<tr><td rowspan="2">22</td><td>行程开关触点 动合</td><td></td><td rowspan="2">28</td><td rowspan="2">接触器触点</td><td rowspan="2"></td></tr>
<tr><td>动断</td><td></td></tr>
<tr><td colspan="6" align="center">四、电气元件</td></tr>
<tr><td>29</td><td>电阻器</td><td></td><td>36</td><td>熔断器</td><td></td></tr>
<tr><td>30</td><td>可变电阻器</td><td></td><td>37</td><td>继电器吸引线圈</td><td></td></tr>
<tr><td>31</td><td>电容器</td><td></td><td>38</td><td>触点常开的继电器</td><td></td></tr>
<tr><td>32</td><td>半导体二极管一般符号</td><td></td><td>39</td><td>触点常闭的继电器</td><td></td></tr>
<tr><td>33</td><td>PNP型三级管</td><td></td><td>40</td><td>直流电动机</td><td></td></tr>
<tr><td>34</td><td>集电极接管壳三极管(NPN)</td><td></td><td>41</td><td>三相异步电动机</td><td></td></tr>
<tr><td>35</td><td>电感器、线圈、绕组、扼流圈</td><td></td><td>42</td><td>信号灯</td><td></td></tr>
</table>

2.4.2 工作站电气图纸识读方法

（1）阅读设备说明书

阅读设备说明书，目的是了解设备的机械结构、电气传动方式、对电气控制的要求、设备和元器件的布置情况，以及设备的使用操作方法、各种按钮及开关等的作用。

（2）看图样说明

看图样说明，搞清楚设计的内容和施工要求，就能了解图纸的大体情况，抓住看图的要点。图纸说明包括图纸目录、技术说明、设备材料明细表、元件明细表、设计和施工说明书等，由此对工程项目的设计内容及总体要求做大致了解，有助于抓住识图的重点内容。

然后看有关电气图。步骤是：从标题栏、技术说明到图形、元件明细表，从总体到局部，从电源到负载，从主电路到辅助电路，从电源到元件，从上到下，从左到右。

（3）看电气原理图

为了进一步理解系统或分析系统的工作原理，需要仔细地看电路图。看电路图时要分清主电路和辅助电路、交流电路和直流电路，再按先看主电路后看辅助电路的顺序读图。

看主电路时，一般是由上而下，即由电源经开关设备及导线向负载方向看，也就是看电源是怎样给负载供电的。看辅助电路时，从上而下，即先看电源，再依次看各个回路，分清各辅助电路对主电路的控制、保护、测量、指示、监视功能，以及组成和工作原理。

（4）看安装接线图

接线图是以电路为依据的，因此要对照电路图来看接线图。看接线图时同样是先看主电路，再看辅助电路。看主电路时，从电源引入端开始，经开关设备、线路到负载。看辅助电路时，要从电源的一端到电源的另一端，按元件连接顺序对每个回路进行分析。

接线图中的线号是电气元件间导线连接的标记，线号相同的导线原则上都可以接在一起。由于接线图多采用单线表示，因此对导线的走向应加以辨别，还要搞清楚端子板内外电路的连接。

（5）看展开接线图

识读展开接线图时，应结合电路图一起进行。看展开图时，一般是先看各展开回路名称，然后从上到下、从左到右识读。需要注意的是，在展开图中，同一电气元件的各部件是按其功能分别画在不同回路中的（同一电气元件的各部件均标注同一项目代号，其项目代号通常由文字符号和数字编号组成），因此，读图时要注意该元件各部件动作之间的相互联系。

（6）实例

主电路是给用电器供电的电路，是受控制电路控制的电路，又称为主回路，如图 2-63

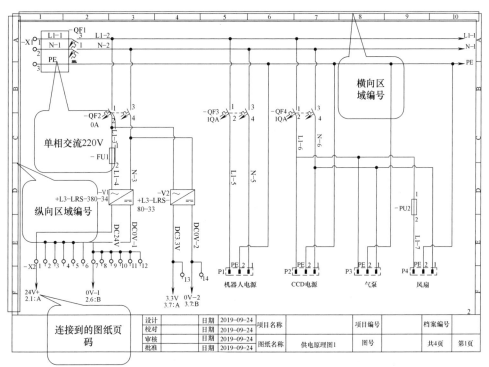

图 2-63　主回路

第 2 章　工业机器人的操作与运维基础

所示。看主电路需要看它的电源类型和电压等级（如交流、直流、380V、220V、24V 等），电路图的上面和左面分别包含数字形式的横向区域编号和英文字母形式的纵向区域编号，通过横向和纵向的数字、字母的组合以及电路图的页码，可以去查找本电路图中电路分支连接到的相应图纸页码，例如 2.1：A 表示线路连接到电路图第 2 页中横向区域 1、纵向区域 A 的位置处。

控制电路是指给控制元件供电的电路，是控制主电路动作的电路，也可以说是给主电路发出信号的电路，又称为控制回路，如图 2-64 所示。控制电路中控制元件所需的电源类型和电压等级必须相符于控制电路，然后根据主电路各执行电器的控制要求，逐一找出控制电路中的控制环节，了解各控制元件与主电路中用电器的相互控制关系和制约关系。

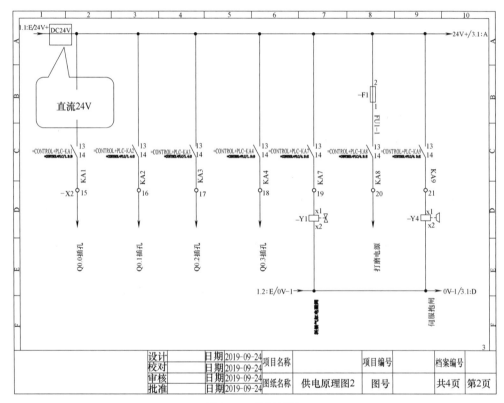

图 2-64　控制回路

如图 2-65 所示是工作站安全部分的一个辅助电路，在西门子 PLC-SM1226 故障安全数字量输入信号模块上接了急停按钮和安全光栅，光栅由直流 24V 供电。

2.4.3　电气原理图绘制

（1）电气原理图绘制原则

① 电气原理图一般分为主电路、控制电路和辅助电路三个部分。

② 电气原理图中所有电气元件的图形和文字符号必须符合国家规定的统一标准。

③ 在电气原理图中，所有电气元件的可动部分均按原始状态画出。

④ 动力电路的电源线应水平画出；主电路应垂直于电源线画出；控制电路和辅助电路应垂直于两条或几条水平电源线之间；耗能元件（如线圈、电磁阀、照明灯和信号灯等）应

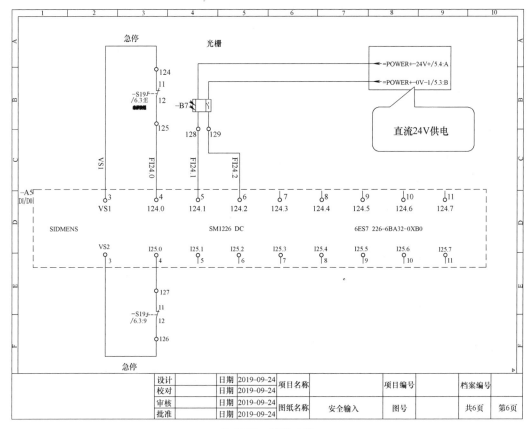

图 2-65 辅助电路

接在下面一条电源线一侧，而各种控制触点应接在另一条电源线上。

⑤ 电气原理图中采用自左向右或自上而下表示操作顺序，同时应尽量减少线条数量，避免线条交叉。

⑥ 在电气原理图上应标出各个电源电路的电压值、极性或频率及相数，对某些元器件还应标注其特性（如电阻、电容的数值等），不常用的电气元件（如位置传感器、手动开关等）还要标注其操作方式和功能等。

⑦ 为方便阅图，在电气原理图中可将图幅分成若干个图区，图区行的代号用英文字母表示，一般可省略，列的代号用阿拉伯数字表示，其图区编号写在图的下面。上方为该区电路的用途和作用。

⑧ 在继电器、接触器线圈下方均列有触点表以说明线圈和触点的从属关系，即"符号位置索引"。也就是在相应线圈的下方，给出触点的图形符号（有时也可省去），对未使用的触点用"×"表明（或不作表明）。

（2）文字符号补充说明

在不违背国家标准的条件下，可采用国家标准中规定的电气文字符号，并优先采用基本文字符号和辅助文字符号，也可补充国家标准中未列出的双字母文字符号和辅助文字符号。使用文字符号时，应采用电气名词术语国家标准或专业技术标准中规定的英文术语缩写。

① 单字母符号：按拉丁字母顺序将各种电气设备、装置和元器件划分成为 23 大类，每一类用一个专用单字母符号表示，如"C"表示电容器类，"R"表示电阻器类，等等。

② 双字母符号：由一个表示种类的单字母符号与另一个字母组成，且以单字母符号在前，另一字母在后的次序列出，如"F"表示保护器件类，"FU"则表示为熔断器。

③ 辅助文字符号：表示电气设备、装置和元器件以及电路的功能、状态和特征。如"RD"表示红色，"L"表示限制，等等。

④ 基本文字符号不得超过两位字母，辅助文字符号一般不超过三位字母。文字符号采用拉丁字母大写正体字，且拉丁字母中"I"和"O"不允许单独作为文字符号使用。电气原理图的全部电动机、电气元件的型号、文字符号、用途、数量、额定技术数据，均应填写在元件明细表内。

⑤ 三相交流电源引入线采用 L1、L2、L3 标记，中性线采用 N 标记，保护接地用 PE标记，电源开关之后的三相交流电源主电路分别按 U、V、W 顺序标记。分级三相交流电源主电路采用三相文字代号 U、V、W 前加上阿拉伯数字 1、2、3 等来标记，如 1U、1V、1W、2U、2V、2W 等。各电动机分支电路各接点标记，采用三相文字代号后面加数字来表示，数字中的个位数表示电动机代号，十位数表示该支路各接点的代号，从上到下按数字大小顺序标记。如 U11 表示电动机 M1 的第一相的第一个接点，U21 表示电动机 M1 的第一相的第二个接点，依此类推。

2.5 工作站识图与操作基础

2.5.1 布局图

机器人工作站是指以一台或多台机器人为主，配以相应的周边设备，如变位机、输送机、工装夹具等，或借助人工的辅助操作一起完成相对独立的一种作业或工序的一组设备组合。机器人工作站主要由机器人及其控制系统、辅助设备以及其他周边设备所构成，表达这些设备的安装与调试的所有图纸就是工作站图纸。如图 2-66 所示。

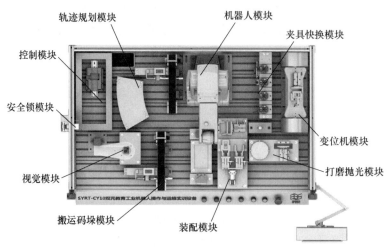

图 2-66　工作站图纸

看布置图时，要先了解土建、管道等相关图样，然后看设备（包括平面、立体位置），由投影关系详细分析各设备具体位置及尺寸，并弄清楚各电气设备之间的相互关系，线路引入、引出、走向等。

（1）机械布局图识图

通过工作站的机械装配图纸可以了解工作站各个工艺单元在台面上的具体的位置，在安装各个工艺单元的时候需要根据这些具体的安装位置尺寸来进行单元模块的安装，如图 2-67 所示。通过机械布局图可了解到：

① 工作站的名称、用途、性能和主要技术特性；

② 各零部件的材料、结构形状、尺寸以及零部件间的装配关系、装拆顺序；

③ 根据设备中各零部件的主要形状、结构和作用，进而了解整个设备的结构特征和工作原理；

④ 设备上气动元件的原理和数量；

⑤ 设备在设计、制造、检验和安装等方面的技术要求。

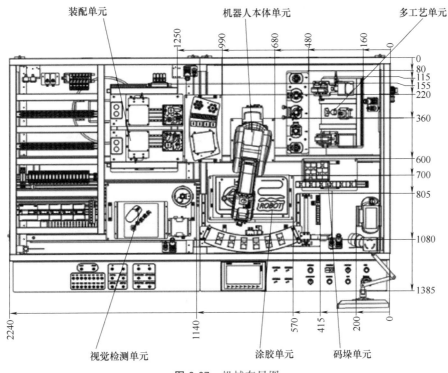

图 2-67　机械布局图

（2）电气布局图识读

电气布局图用来描述电气设备实际安装位置的情况，在图纸上会标明电气设备在工作站控制柜中的实际安装位置，是检查和维修电气控制线路故障不可缺少的依据，如图 2-68 所示为工作站控制柜中电气设备的布局图。

1）电气布局图遵循原则

① 必须遵循相关国家标准设计和绘制电气元件布置图。

② 相同类型的电气元件布置时，应把体积较大和较重的安装在控制柜或面板的下方。

③ 发热的元器件应该安装在控制柜或面板的上方或后方，但热继电器一般安装在接触器的下面，以方便与电机和接触器的连接。

④ 需要经常维护、整定和检修的电气元件、操作开关、监视仪器仪表，其安装位置应

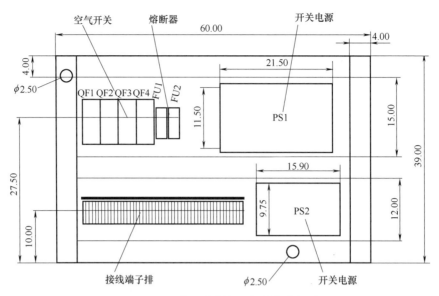

图 2-68　工作站控制柜电气设备布局图

高低适宜，以便工作人员操作。

　　⑤ 强电、弱电应该分开走线，注意屏蔽层的连接，防止干扰的窜入。

　　⑥ 电气元器件的布置应考虑安装间隙，并尽可能做到整齐、美观。

　　2）电气布局图识读步骤（表 2-32）

表 2-32　电气布局图识读任务操作表

序号	操作步骤
1	认识工作站电气系统中的电气元件
2	掌握电气元件的实际安装位置
3	根据电气布局图，分析电气元件的安装方法

2.5.2　工作站工艺文件识读

（1）工序卡片识读

　　工序卡片是工艺规程的一种形式，是在工艺卡片的基础上分别为每一个工序制定的，是用来具体指导工人进行操作的一种工艺文件。工序卡片中详细记载了该工序加工所必需的工艺资料，如定位基准、选用工具、安装方案及工时定额等。

　　它是按零件加工或装配的每一道工序编制的一种工艺文件。它的内容包括：每一工序的详细操作、操作方法和要求等。它适用于大量加工装配的全部零件和成批的重要零件。表 2-33、表 2-34 分别是一种弧焊工作站中的小型变位机轴承室的装配工序卡片以及它的装配工艺附图。

（2）工艺文件识读

　　将工艺规程的内容填入一定格式的卡片，即为生产准备和施工依据的技术文件，称为工艺文件。各企业工艺规程表格不尽一致，但是其基本内容是相同的。

表 2-33　装配工序卡片

装配工序卡片			产品型号	ZH01	部件图号	HH-01	共 2 页
			产品名称	弧焊工作站	部件名称	轴承室	第 1 页
车间	某装配车间	装配部件	轴承室		工序号	10	工序名称	装配轴承室

工序号	工步内容	工艺装备及辅助材料		作业时间	准备时间
		名称规格或编号	名称规格或编号		
11	清理、清洗轴承	煤油、棉纱			
12	将两盘深沟球轴承 6004 依次正压入轴承室内	铜锤、台钳子或轴承套筒			
13	用 4 个 M4×10 的内六角沉头螺栓将轴承座和轴承端盖连接紧固	内六角扳手			
				设计 （日期）	校对 （日期）	审核 （日期）
				会签 （日期）	标准号 （日期）	车间会签 （日期）
标记	处数	更改文件号	签字	日期	标记	处数	更改文件号	签字	日期			

表 2-34　装配工序卡附图表格

装配工序附图			产品型号	ZH01	部件图号	HH-01	共 2 页
			产品名称	弧焊工作站	部件名称	轴承室	第 2 页
车间	某装配车间	装配部件	轴承室		工序号	10	工序名称	装配轴承室

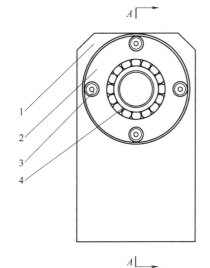
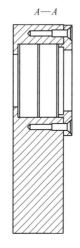

1—轴承安装座；2—轴承端盖；3—内六角沉头螺钉 M4×10；4—深沟球轴承 6004

1）工艺过程综合卡片

这种卡片主要列出了整个生产加工所经过的工艺路线，它是制定其他工艺文件的基础，

图 2-69　变位机示意图

也是进行生产技术准备、编制作业计划和组织生产的依据。在单件小批量生产中，一般简单工艺过程只编制工艺过程综合卡片作为工艺指导文件。

2）工艺卡片

这种卡片是以工序为单位，详细说明整个工艺过程的工艺文件。它不仅标出工序顺序、工序内容，同时对主要工序还表示出工步内容、工位及必要的加工或装配简图或加工装配说明。成批生产中广泛采用这种卡片，对单件小批量生产中的某些重要零部件也要制定工艺卡片。表2-35为一种弧焊工作站中的小型变位机（图2-69）的装配工艺过程卡。

表 2-35　工艺过程卡

装配工艺过程卡片		产品型号	ZH01	部件图号			共1页	备注
		产品名称	弧焊工作站	部件名称		变位机	第1页	
序号	工序名称	工序内容		完成部门		设备及工艺装备		工时定额/分
10	钳加工	轴承室装配		装配		小铜锤、套筒、内六角扳手		
20	钳加工	变位机旋转轴装配		装配		内六角扳手、橡胶锤		
30	钳加工	变位机底座装配		装配		内六角扳手		
40	钳加工	变位机伺服电机装配		装配		内六角扳手		
50	钳加工	气动元件装配		装配		内六角扳手		
						编制（日期）	审核（日期）	会签（日期）
标记	处数	更改文件号	签字	日期	标记	处数	更改文件号	签字　日期

2.5.3　机器人运维常用工具与仪器

（1）机器人安装调试工具（表2-36）

表 2-36　拆卸及装配工具

名称	外观图	说明
单头钩形扳手		有固定式和调节式，可用于扳动在圆周方向上开有直槽或孔的圆螺母
断面带槽或孔的圆螺母扳手		可分为套筒式扳手和双销叉形扳手
弹性挡圈装拆用钳子		分为轴用弹性挡圈装拆用钳子和孔用弹性挡圈装拆用钳子

名称	外观图	说明
压线钳		压线钳是一种用来剪切金属类材质的五金工具,其也常被称为剥线钳。压线钳的功能齐全,可以用于剪切金属、剥离线类或是进行压线。实际应用中常见的压线钳主要有三种:针管型端子压线钳、冷压端子压线钳、网线钳
弹性锤子		可分为木锤和铜锤
平键工具		可分为冲击式拉锥度平键工具和抵拉式拉锥度平键工具
内六角扳手		机器人系统中大量使用内六角圆柱头螺钉、六角半沉头螺钉安装固定。内六角扳手规格:1.5、2、2.5、3、4、5、6、8、10、12、14、17、19、22、27
拔销器		拉带内螺纹的小轴、圆锥销工具
试电笔		试电笔也叫测电笔,简称"电笔",是一种电工工具,用来测试电线中是否带电。笔体中有一氖泡,测试时如果氖泡发光,说明导线有电或为通路的火线
弹簧秤		弹簧秤又叫弹簧测力计,是利用弹簧的形变与外力成正比的关系制成的测量作用力大小的装置。例如可以使用手持弹簧秤测量同步带的张力
拉卸工具		拆装轴上的滚动轴承、带轮式联轴器等零件时,常用拉卸工具,拉卸工具常分为螺杆式及液压式两类,螺杆式拉卸工具分为两爪、三爪和铰链式

第2章 工业机器人的操作与运维基础

名称	外观图	说明
检验棒		有带标准锥柄检验棒、圆柱检验棒和专用检验棒
限力扳手	预置式转矩扳手 电子式　机械式	又称为转矩扳手、扭力扳手
装轴承胎具		适用于装轴承的内、外圈
钩头楔键拆卸工具		用于拆卸钩头楔键
校准摆锤		A：用作校准传感器的校准摆锤 B：转动盘适配器 C：传感器锁紧螺钉 D、E：传感器电缆
SEMD		

（2）机器人安装调试常用仪表（表2-37）

表2-37　工业机器人装调与维修（维护）常用仪表

名称	外观图	说明
百分表		百分表用于测量零件相互之间的平行度、轴线与导轨的平行度、导轨的直线度、工作台台面平面度以及主轴的端面圆跳动、径向圆跳动和轴向窜动

名称	外观图	说明
杠杆百分表	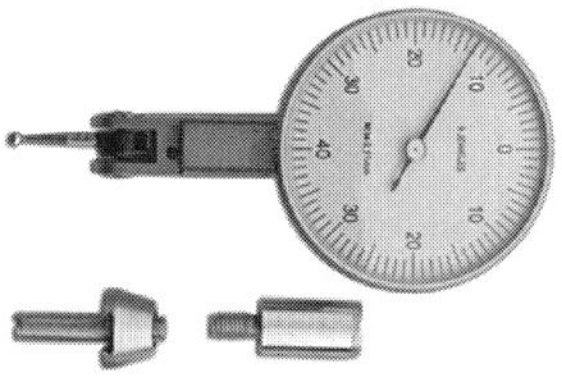	杠杆百分表用于受空间限制的工件,如内孔跳动、键槽等。使用时应注意使测量运动方向与测头中心垂直,以免产生测量误差
千分表及杠杆千分表	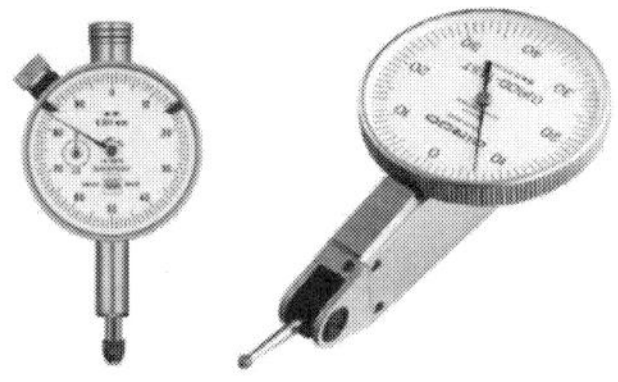	千分表及杠杆千分表的工作原理与百分表和杠杆百分表一样,只是分度值不同,常用于精密的修理
水平仪	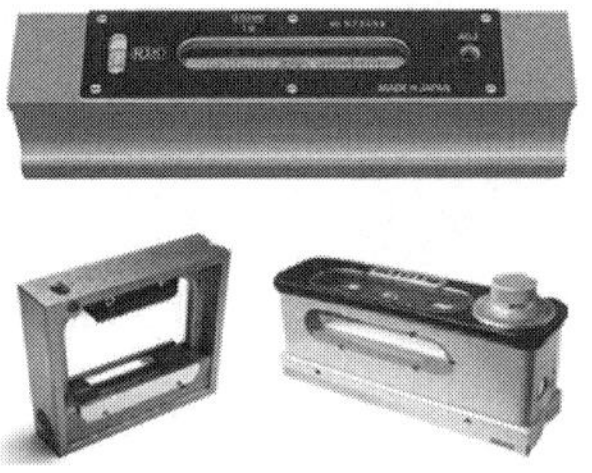	水平仪是工业机器人制造和修理中最常用的测量仪器之一,用来测量导轨在垂直面内的直线度、工作台台面的平面度,以及两件相互之间的垂直度、平行度等。水平仪按其工作原理可分为水准式水平仪和电子水平仪
转速表	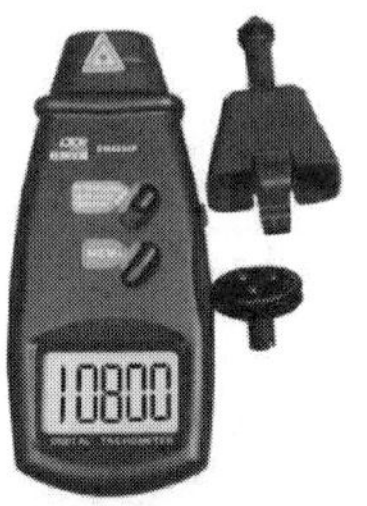	转速表常用于测量伺服电动机的转速,是检查伺服调速系统的重要依据之一,常用的转速表有离心式转速表和数字式转速表等
万用表	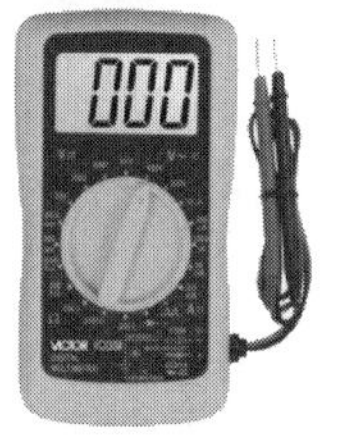	包含有机械式和数字式两种,万用表可用来测量电压、电流和电阻等
相序表	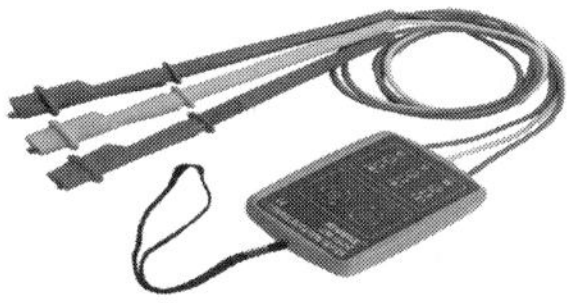	用于检查三相输入电源的相序,在维修晶闸管伺服系统时是必需的
逻辑脉冲测试笔	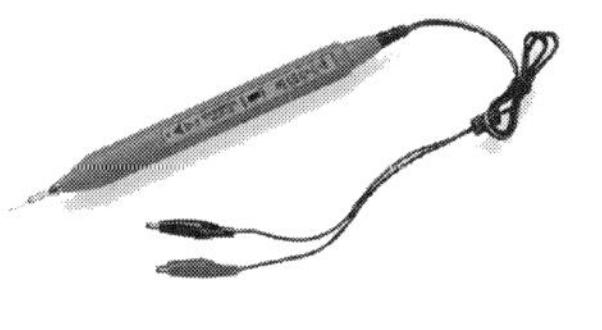	对芯片或功能电路板的输入端注入逻辑电平脉冲,用逻辑测试笔检测输出电平,以判断其功能是否正常

第2章 工业机器人的操作与运维基础

105

名称	外观图	说明
音波式数字显示张力计		音波式数字显示张力计通过模拟信号处理，测出不同条件下的振动波形，并可读出波形的周期，通过周期波数频率的处理，换算出张力值。例如可以用张力计测试出同步带张紧时的张力
测振仪		测振仪是振动检测中最常用、最基本的仪器，它将测振传感器输出的微弱信号放大、变换、积分、检波后，在仪器仪表或显示屏上直接显示被测设备的振动值大小。为了适应现场测试的要求，测振仪一般都做成便携式或笔式

（3）工业机器人安装运维常用仪器

在工业机器人的故障检测过程中，借助一些必要的仪器是必要也是有效的，这些专用的仪器能从定量分析角度直接反映故障点状况，起到决定作用。

1）激光干涉仪

激光干涉仪可对工业机器人、三测机及各种定位装置进行高精度的（位置和几何）校正。可完成各项参数的测量，如线形位置精度、重复定位精度、角度、直线度、垂直度、平行度及平面度等。

激光干涉仪用于工业机器人精度的检测及长度、角度、直线度等的测量，精度高、效率高、使用方便，测量长度可达十几米甚至几十米，精度达微米级。其应用见图 2-70。

2）三坐标测量仪

三坐标测量仪是通过 XYZ 三个轴测量各种零部件及总成的各个点和元素的空间坐标，用以评价长度、直径、形状误差、位置误差的一种测量设备，如图 2-71 所示。它配备了高精度的导轨、测头和控制系统，并使用计算机程序来自动控制检测流程，计算输出测量结果。三坐标测量仪在三个相互垂直的方向上有导向机构、测长元件、数显装置。有一个能够放置工件的工作台（大型和巨型不一定有），测头可以以手动或机动方式轻快地移动到被测点上，由读数设备和数显装置把被测点的坐标值显示出来。

2.5.4 工业机器人运维操作

（1）手势图

大型系统中由多名作业人员进行作业，必须在相距较远处进行交谈时，应通过使用手势

图 2-70　激光干涉仪的应用

图 2-71　三坐标测量仪

等方式正确传达意图，常用手势如图 2-72 所示。环境中的噪声等因素会使意思无法正确传达，而导致事故发生。

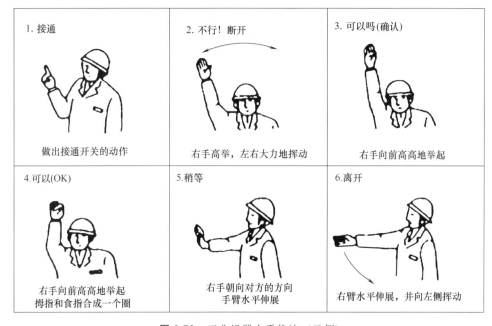

图 2-72　工业机器人手势法（示例）

（2）安装规范及工艺要求

1）机械部分（表 2-38）

表 2-38　机械部分

序号	描述	合格	不合格
1	型材板上的电缆和气管必须分开绑扎		

序号	描述	合格	不合格
2	当电缆、光纤和气管都作用于同一个活动模块时，允许绑扎在一起		
3	扎带切割后剩余长度需≤1mm，以免伤人		
4	所有沿着型材往下走的线缆和气管（例如PP站点处的线管）在安装时需要使用线夹固定		
5	扎带的间距≤50mm。这一间距要求同样适用于型材台面下方的线缆。PLC和系统之间的I/O布线不在检查范围内		
6	线缆托架的间距≤120mm		

序号	描述	合格	不合格
7	唯一可以接受的束缚固定线缆、电线、光纤线缆、气管的方式就是使用传导性线缆托架	单根电线用扎带固定在线夹子上 	单根电缆/电线/气管没有紧固在线夹子上
8	第一根扎带离阀岛气管接头连接处的最短距离为 60mm±5mm		
9	所有活动件和工件在运动时不得发生碰撞	所有驱动器、线缆、气管和工件需能够自由运动。 注意：如有例外，将在任务开始前进行通知	运行期间,驱动器、线缆、线管或工件间发生接触
10	工具不得遗留到站上或工作区域地面上		
11	工作站上不得留有未使用的零部件和工件		

序号	描述	合格	不合格
12	所有系统组件和模块必须固定好。所有信号终端也必须固定好		
13	站与站之间的错位需小于等于5mm		
14	工作站的连接必须至少使用2个连接件		
15	工作站之间的最大间距需≤5mm		
16	所有型材末端必须安装盖子		

序号	描述	合格	不合格
17	固定零部件时都应使用带垫圈的螺钉		
18	所有电缆、气管和电线都必须使用线缆托架进行固定。可以进行短连接。如果可以将线缆切割为合适的长度,则不允许留线圈		
19	螺钉头不得有损坏,而且螺钉任何部分都不得留有工具损坏的痕迹		
20	锯切口必须平滑无毛刺		
21	用于展示时,型材台面应尽可能处于最低位置		
22	装置的零部件和组件不得超出型材台面		

2）电气部分（表 2-39）

表 2-39　电气部分

序号	描述	合格	不合格
1	冷压端子处不能看到外露的裸线		
2	将冷压端子插到终端模块中	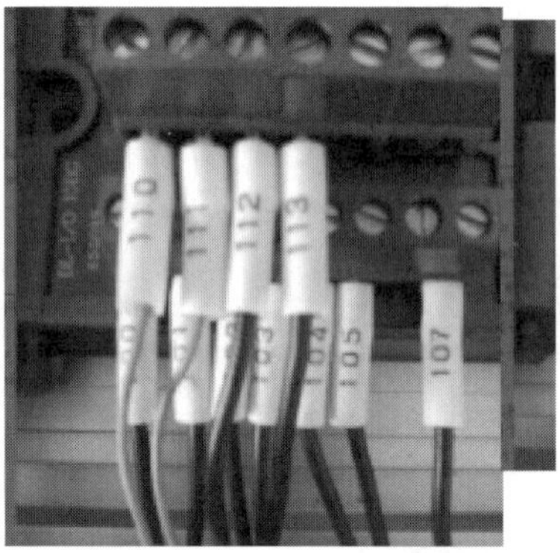	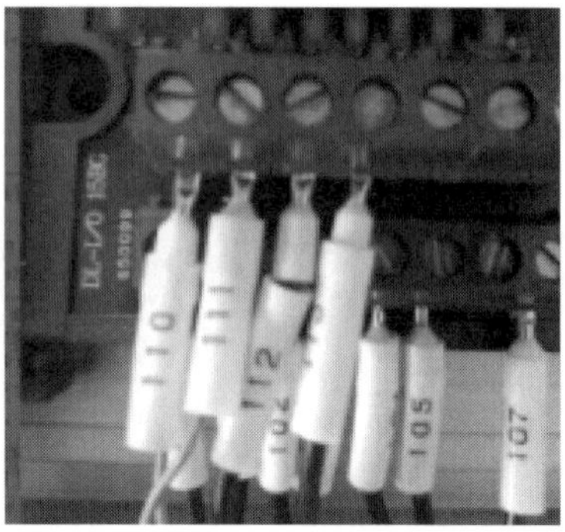
3	所有螺钉终端处接入的线缆必须使用正确尺寸的绝缘冷压端子。可用的尺寸为 $0.25mm^2$、$0.5mm^2$、$0.75mm^2$。夹钳连接处（冷压端子只用于螺钉）		
4	线槽中的电缆必须有至少 10mm 预留长度。如果是同一个线槽里的短接线，没必要预留	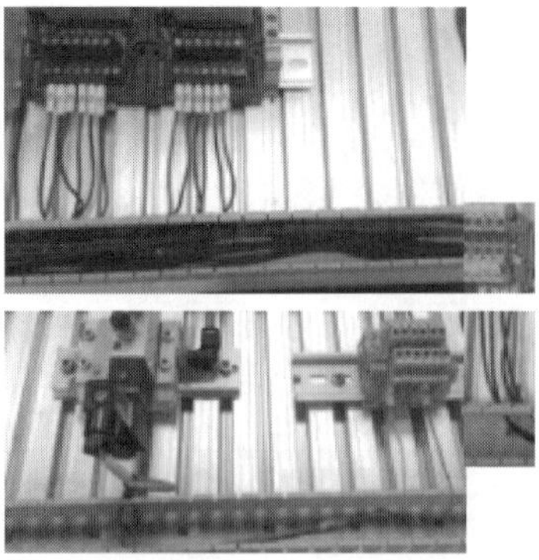	

序号	描述	合格	不合格
5	需要剥掉线槽里线缆的外部绝缘层		
6	线槽必须全部合实,所有槽齿必须盖严		
7	要移除多余的线槽齿口。 注意:线槽不得更换		
8	不得损坏线缆绝缘层并且裸线不得外露		
9	线、管需要剪到合适长度,并且线、管圈不得伸到线槽外		

第2章 工业机器人的操作与运维基础

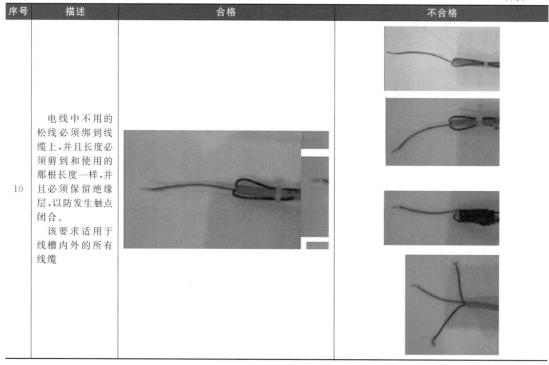

序号	描述	合格	不合格
10	电线中不用的松线必须绑到线缆上，并且长度必须剪到和使用的那根长度一样，并且必须保留绝缘层，以防发生触点闭合。 该要求适用于线槽内外的所有线缆		

3）气动系统（表2-40）

表2-40　气动系统

序号	描述	合格	不合格
1	不得因为气管折弯、扎带太紧等原因造成气流受阻		
2	气管不得从线槽中穿过（气管不可放入线槽内）		
3	所有的气动连接处不得发生泄漏		

4）周边环境（表 2-41）

表 2-41　周边环境

序号	描述	合格	不合格
1	工作站上（包括线槽里面）不得有垃圾、下脚料或其他碎屑		不得使用压缩空气来清理工作站
2	未使用的部件需放到桌上的箱子中 例外情况：未完成装配工作时	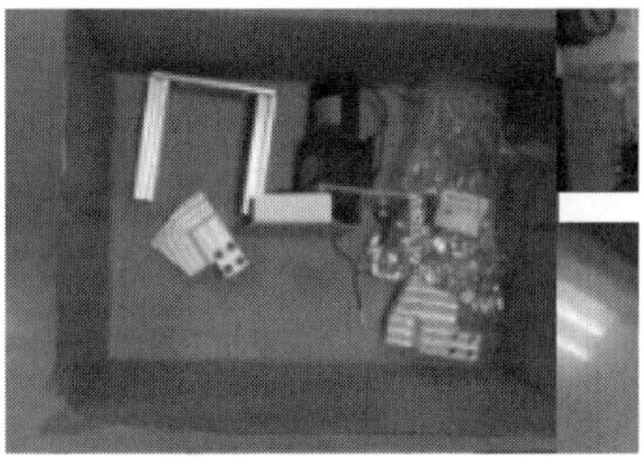	 
3	只能在执行维护任务时进行标记，并且评分之前必须全部清除		
4	不允许使用胶带或类似材料改造工件	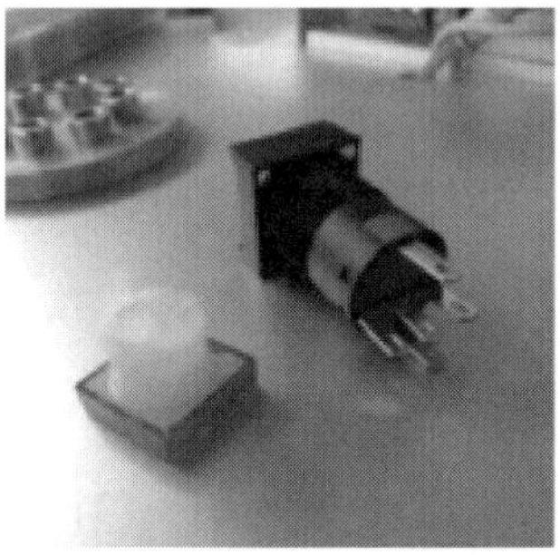	
5	工作站、周围区域以及工作站下方应干净整洁（用扫帚打扫干净），只会在第一天时进行提醒。例外情况：没有完成装配时		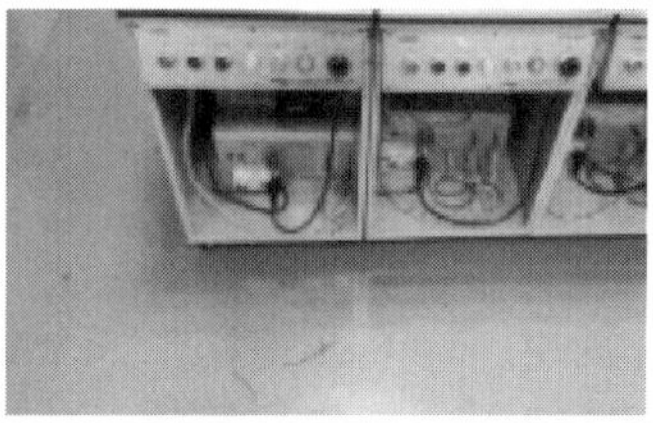

（3）工业机器人机械部件拆卸的一般原则

① 首先必须熟悉工业机器人的技术资料和图样，弄懂机械传动原理，掌握各个零部件的结构特点、装配关系以及定位销、轴套、弹簧卡圈、锁紧螺母、锁紧螺钉与顶丝的位置和退出方向。

② 拆卸前，首先切断并拆除工业机器人的电源和车间动力联系的部位。

③ 在切断电源后，工业机器人的拆卸程序要坚持与装配程序相反的原则。先拆外部附件，再将整机拆成部件总成，最后全部拆成零件，按部件归并放置。

④ 放空润滑油、切削液、清洗液等。

⑤ 在拆卸工业机器人轴孔装配件时，通常应坚持用多大力装配就基本上用多大力拆卸的原则。如果出现异常情况，应查找原因，防止在拆卸中将零件碰伤、拉毛甚至损坏。热装零件要利用加热来拆卸，如热装轴承可用热油加热轴承外圈进行拆卸。滑动部件拆卸时，要考虑到滑动面间油膜的吸力。一般情况下，在拆卸过程中不允许进行破坏性拆卸。

⑥ 拆卸工业机器人大型零件要坚持慎重、安全的原则。拆卸中要仔细检查锁紧螺钉及压板等零件是否拆开。吊挂时，必须粗估零件重心位置，合理选择直径适宜的吊挂绳索及吊挂受力点。注意受力平衡，防止零件摆晃，避免吊挂绳索脱开与断裂等事故发生。吊装中设备不得磕碰，要选择合适的吊点慢吊轻放，钢丝绳和设备接触处要采取保护措施。

⑦ 要坚持拆卸工业机器人服务于装配的原则。如果被拆卸工业机器人设备的技术资料不全，拆卸中必须对拆卸过程做必要的记录，以便安装时遵照"先拆后装"的原则重新装配。在拆卸中，为防止搞乱关键件的装配关系和配合位置，避免重新装配时精度降低，应在装配件上用划针做出明显标记。拆卸出来的轴类零件应悬挂起来，防止弯曲变形。精密零件要单独存放，避免损坏。

⑧ 先小后大，先易后难，先地面后高空，先外围后主机，必须要解体的设备要尽量少分解，同时又要满足包装要求，最终达到设备重新安装后的精度性能同拆卸前一致。为加强岗位责任，采用分工负责制，谁拆卸、谁安装。

⑨ 所有的电线、电缆不准剪断，拆下来的线头都要有标号，对有些没有标号的线头，要先补充后再拆下，线号不准丢失，拆线前要进行三对照（内部线号、端子板号、外部线号），确认无误后，方可拆卸，否则要调整线号。

⑩ 拆卸中要保证设备的绝对安全，要选用合适的工具，不得随便代用，更不得使用大锤敲击。

⑪ 不要拔下设备的电气柜内插线板，应该用胶带纸封住加固。

⑫ 做好拆卸记录，并交相关人员。

（4）常用的拆卸方法

1）击卸法

利用锤子或其他重物在敲击零件时产生的冲击能量把零件卸下。

2）拉拔法

对精度较高不允许敲击或无法用击卸法拆卸的零部件应使用拉拔法。它采用专门拉器进行拆卸。

3）顶压法

利用螺旋 C 形夹头、机械式压力机、液压式压力机或千斤顶等工具和设备进行拆卸。顶压法适用于形状简单的过盈配合件。

4）温差法

拆卸尺寸较大、配合过盈量较大的配合件或无法用击卸、顶压等方法拆卸时，或为使过盈量较大、精度较高的配合件容易拆卸，可采用此种方法。温差法是利用材料热胀冷缩的性能，加热包容件，使配合件在温差条件下失去过盈量，实现拆卸。

5）破坏法

若必须拆卸焊接、铆接等固定连接件，或轴与套互相咬死，或为保护主件而破坏副件时，可采用车、锯、钻、割等方法进行破坏性拆卸。

工业机器人操作与运维自学·考证·上岗一本通（初级）

第3章

工业机器人的安装

3.1 机器人本体的运输

3.1.1 开箱

（1）工业机器人拆包装的操作

① 如图 3-1 所示，机器人到达现场后，第一时间检查外观是否有破损，是否有进水等异常情况。如果有问题要马上联系厂家及物流公司进行处理。

② 如图 3-2 所示，使用合适的工具剪断箱子上的钢扎带。将剪断的钢扎带取走。

图 3-1　检查外观

图 3-2　剪断钢扎带

③ 如图 3-3 所示，需要两人根据箭头方向，将箱体向上抬起放置到一边，与包装底座进行分离。尽量保证箱体的完整以便日后重复使用。

（2）清点标准装箱物品

① 以 ABB 机器人 IRB1200 为例，包括 4 个主要物品：机器人本体、示教器、线缆配件

及控制柜。如图 3-4 所示。

图 3-3　取箱

图 3-4　清点

② 两个纸箱打开后，展开内容物，随机的文档有：SMB 电池安全说明、出厂清单、基本操作说明书和装箱单。如图 3-5 所示。

3.1.2　装运和运输姿态

不同的工业机器人其装调与维修是大同小异的，本书在没有特别说明的情况下是以 ABB 公司的 IRB 460 工业机器人为例来介绍。

图 3-6 显示机器人的装运姿态，这也是推荐的运送姿态。各轴的角度如表 3-1 所示。

图 3-5　内容物

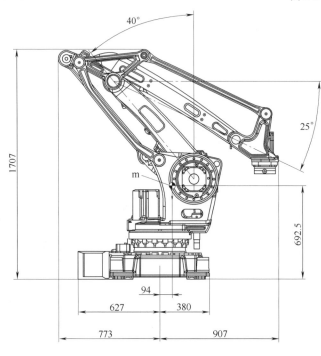

图 3-6　装运和运输姿态

表 3-1 装运和运输各轴角度

轴	角度
1	0°
2	−40°
3	+25°

（1）用叉车抬升机器人

1）叉举设备组件

叉举设备组件与机器人的配合方式如图 3-7 所示。

2）操作步骤

① 将机器人调整到装运姿态，如图 3-6 所示。

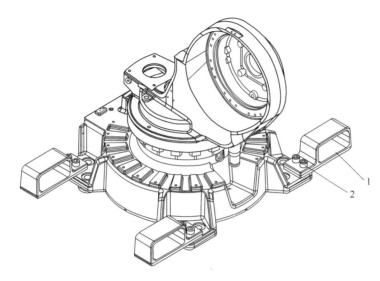

图 3-7 叉举设备组件与机器人的配合

1—叉举套；2—连接螺钉［M20×60 质量等级 8.8（2 个×4）］

② 关闭连接到机器人的电源、液压源、气压源。

③ 用连接螺钉将四个叉举套固定在机器人的底座上，如图 3-7 所示。

④ 检验所有四个叉举套都已正确固定后，再进行抬升。

⑤ 将叉车叉插入套中，如图 3-8 所示。

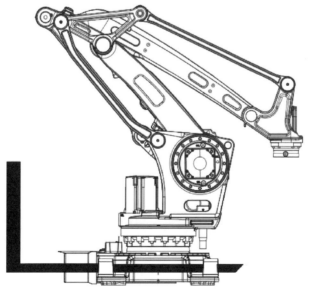

图 3-8 将叉车叉插入套中

⑥ 小心谨慎地抬起机器人并将其移动至安装现场，移动机器人时请保持低速。

注意：在任何情况下，人员均不得出现在悬挂载荷的下方；若有必要，应使用相应尺寸的起吊附件。

（2）用圆形吊带吊升机器人

1）吊升组件（图 3-9）

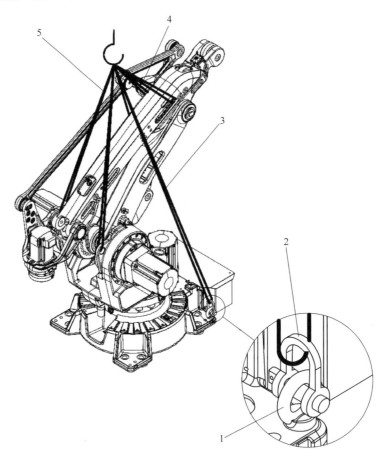

图 3-9　吊升组件

1—吊眼螺栓［M20（2 个）］；2—钩环（2 个）提升能力 2000kg；3—圆形吊带［2m（2 个）提升能力 2000kg］；

4—圆形吊带［2m 固定而不使其旋转 提升能力 2000kg 双股缠绕］；

5—圆形吊带［2m（2 个）提升能力 2000kg 单股缠绕］

2）用圆形吊带吊升步骤

① 将机器人调整到装运姿态，如图 3-6 所示。

② 在背面的 M20 螺孔中装入吊眼螺栓。

③ 将圆形吊带与机器人相连，如图 3-9 所示。

④ 确保圆形吊带上方没有易受损的部件，例如线束和客户设备。

注意：IRB 460 机器人质量为 925kg。必须使用相应尺寸的起吊附件。

（3）手动释放制动闸操作步骤

内部制动闸释放装置位于机架上，如图 3-10 所示。

注意：内部制动闸释放装置带有按钮。按钮 4 和 5 未使用。

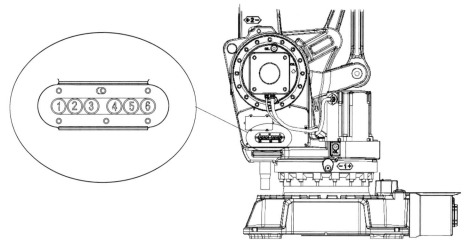

图 3-10 内部制动闸释放装置安装位置

① 如果机器人未与控制器相连，则必须向机器人上的 R1. MP 连接器供电，以启动制动闸释放按钮。给针脚 12 加上 0V 电压，给针脚 11 加上 24V 电压，如图 3-11 所示。内部制动闸释放单元包含六个用于控制轴闸的按钮。按钮的数量与轴的数量一致（轴 4 和 5 不存在）。必须确保机器人手臂附近或下方没有人。

② 按下内部制动闸释放装置上的对应按钮，即可释放特定机器人轴的制动闸。

③ 释放该按钮后，制动闸将恢复工作。

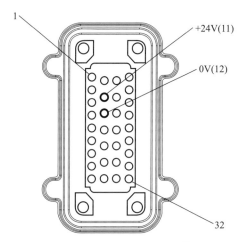

图 3-11 向 R1. MP 连接器供电

3.2 | 工业机器人本体的安装

3.2.1 安装前检查内容

见表 3-2。

表 3-2　安装前检查内容

序号	检查内容
1	目测检查机器人确保其未受损
2	确保所用吊升装置适合于搬运机器人的重量
3	如果机器人未直接安装,则必须按照规定要求环境指标储存
4	确保机器人的预期操作环境符合规范要求
5	将机器人运到其安装现场前,确保该现场符合安装和防护条件
6	移动机器人前,先查看机器人的稳定性
7	满足这些先决条件后,即可将机器人运到其安装现场
8	安装所要求的其他设备

3.2.2　地面安装

（1）底板

底板如图 3-12 所示，底板结构如图 3-13 所示，其尺寸如图 3-14 所示。图 3-15 显示底板上的定向凹槽和导向套螺孔。

（2）将底板固定在基座上

① 确保基座水平。

② 若有必要，使用相应规格的吊升设备。

③ 使用底板上的三个凹槽，参照机器人的工作位置定位底板。

④ 将底板吊至其安装位置，如图 3-15 所示。

⑤ 将底板作为模板，根据所选的螺栓尺寸的要求钻取 16 个连接螺孔。

⑥ 安装底板，并用调平螺栓调平底板。

⑦ 如有需要，在底板下填塞条状钢片，以填满所有间隙。

⑧ 用螺钉和套筒将底板固定在基座上。

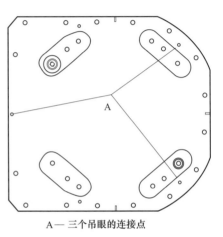

A— 三个吊眼的连接点

图 3-12　底板

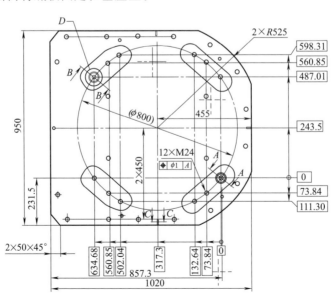

工业机器人操作与运维自学·考证·上岗一本通（初级）

122

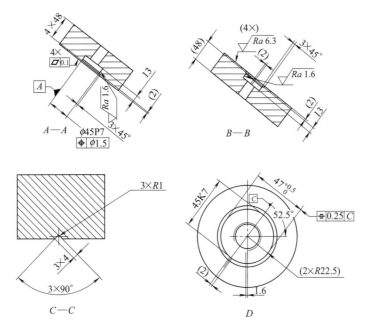

图 3-13　底板结构

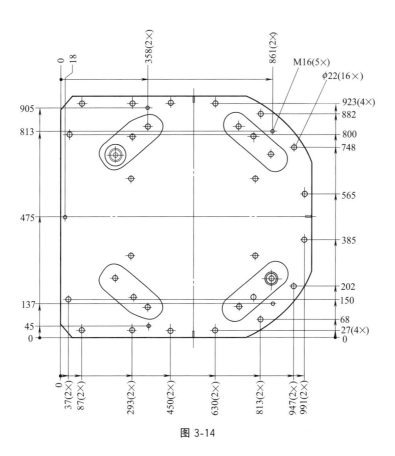

图 3-14

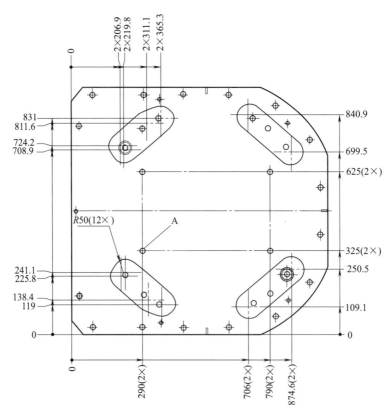

图 3-14　底板尺寸

A—用于替代夹紧的四个螺孔，4×ϕ18

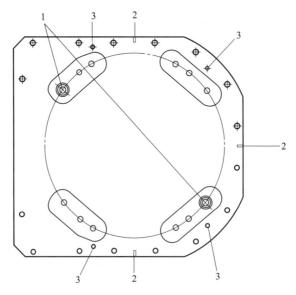

图 3-15　定向凹槽和导向套螺孔

1—导向套螺孔（2个）；2—定向凹槽（3个）；3—调平螺栓，连接点（4个）

⑨ 再次检查底板上的四个机器人接触表面，确保它们水平且平直。如未达到水平且平直的要求，需要使用一些钢片或类似的物品将底板调平。

（3）确定方位并固定机器人

图 3-16 显示安装在底板上的机器人基座，固定机器人的操作步骤如下。

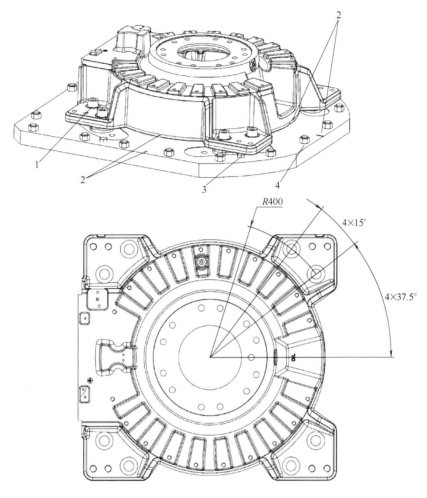

图 3-16　机器人基座

1—机器人连接螺栓和垫圈，8 个（M24×100）；2—机器人底座中和底板中的定向凹槽；
3—调平螺钉（注意：需在安装机器人基座之前卸下）；4—底板连接螺钉

① 吊起机器人。

② 将机器人移至其安装位置附近。

③ 将两个导向套安装到底板上的导向套孔中，如图 3-17 所示。

④ 在将机器人降下放入其安装位置时，使用两个 M24 螺钉轻轻引导机器人。

⑤ 在底座的连接螺孔中安装螺栓和垫圈。

⑥ 以十字交叉方式拧紧螺栓以确保底座不被扭曲。组装之前，先轻微润滑螺钉。

（4）安装上臂信号灯

信号灯可作为选件安装到机器人上。当控制

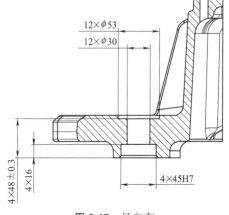

图 3-17　导向套

器处于"电机打开"状态时,信号灯将激活。

1)上臂信号灯的位置

信号灯位于倾斜机壳装置上,如图 3-18 所示。IRB 760 上的信号灯套件如图 3-19 所示。

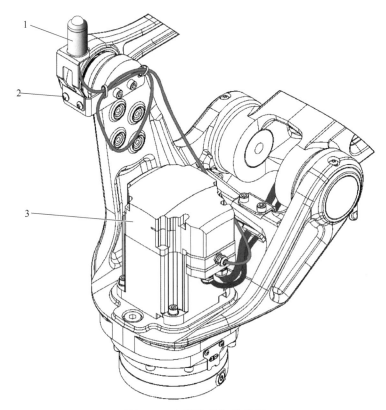

图 3-18 上臂信号灯的位置

1—信号灯;2—连接螺钉,M6×8(2 个);3—电机盖

2)信号灯的安装步骤

根据以下步骤将信号灯安装到机器人上。

① 用两颗连接螺钉将信号灯支架安装到倾斜机壳,如图 3-19 所示。

② 用两颗连接螺钉将信号灯安装到支架,如图 3-19 所示。

③ 如果尚未连接,将信号灯连接到轴 6 电机。

④ 在信号电缆支架上用两条电缆带将信号电缆绕成圈。

3)信号灯电气安装

① 关闭连接到机器人的所有电源、液压源、气压源,然后再进入机器人工作区域。

② 通过拧松四颗连接螺钉,卸下电机盖,如图 3-18 所示。

③ 断开电机连接器的连接。

④ 通过取下连接螺钉,卸下电缆出口处的电缆密封套盖,如图 3-20 所示。

⑤ 查看如何将适配器安装到电机,然后将垫圈安装到将会朝下的适配器侧面。此垫圈将保护适配器的配合面及电缆密封套盖。

⑥ 将垫圈和电机适配器置于电缆密封套盖之上,然后将整个组件包再重新安装到电机。用信号灯套件中的连接螺钉 M6×40 进行固定。除了套件中提供的安装到适配器的垫圈,电

126

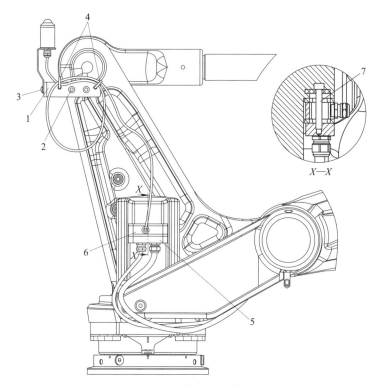

图 3-19　信号灯套件

1—信号灯支架；2—支架连接螺钉，M8×12（2个）；3—信号灯的连接螺钉（2个）；

4—电缆带（2个）；5—电缆接头盖；6—电机适配器（包括垫圈）；7—连接螺钉，M6×40（1个）

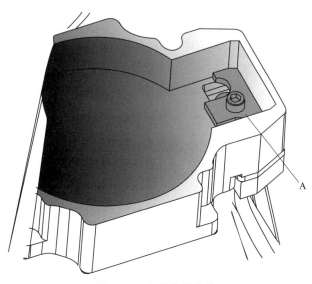

图 3-20　电缆密封套盖

A—用于固定电缆密封套的螺钉

机上也有垫圈。确保垫圈未受损。如有损坏，将其更换。

　　⑦ 推动信号电缆，使其穿过适配器的孔，然后连接到电机内部的连接器。

　　⑧ 从密封套松开电机电缆，然后通过调整电缆长度使其留＋20mm 在电机内部。

⑨ 在电机内部连接电机电缆。

⑩ 重新将电机电缆固定到电缆密封套。

⑪ 用连接螺钉安装电机盖。在重新安装电机盖时，确保正确布线，不存在卡线的情况。

（5）限制工作范围

1）部件

安装机器人时，确保其可在整个工作空间内自由移动。如有可能与其他物体碰撞的风险，则应限制其工作空间。

以1轴的工作范围可能受到限制为例：轴1，硬件（机械停止）和软件（EPS）。作为标准配置，轴1可在±165°范围内活动。

通过固定的机械停止和调节系统参数配置可限制轴1的工作范围。通过添加额外的 7.5 或 15 分度的机械停止，可将两个方向上的工作范围均减少 22.5°到 135°，如图 3-21 所示。

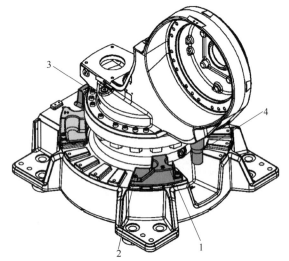

2）安装步骤

① 关闭连接到机器人的电源、液压源、气压源。

② 根据图 3-21 所示将机械停止安装到机架处。

③ 调节软件工作范围限制（系统参数配置），使之与机械限制相对应。

注意：如果机械停止销在刚性碰撞后变形，必须将其更换。

刚性碰撞后变形的可移动的机械停止和/或额外的机械停止以及变形的连接螺钉也必须更换。

图 3-21 机械停止

1—可移动的机械停止；2—连接螺钉和垫圈，
M12×40，质量等级 12.9（2 个）；
3—固定的机械停止；4—轴 1 机械停止销

3.2.3 在墙壁上安装机器人

以用机架固定方式将机器人固定在墙壁时的安装为例来介绍之。在墙壁上安装时，必须将机器人固定在吊具上。借助于吊具，机器人被固定在墙壁上，然后必须移除吊具。

（1）安装机架固定装置

机架固定装置用于将机器人安装在用户准备的钢结构上。

① 清洁机器人的支承面（图 3-22）。

② 检查布孔图。

③ 将 2 根阶梯螺栓装入布孔图。

④ 准备 4 根六角螺栓 M10×35 及碟形垫圈。

（2）安装机器人

已经安装好机架固定装置。用起重机或叉车可接近安装地点。已经拆下会妨碍工作的工具和其他设备部件。机器人处于运输位置。执行需要 2 名接受过指导的人员。

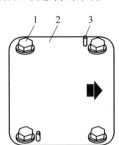

图 3-22 安装机架固定装置

1—六角螺栓（4 个）；2—支承面；
3—阶梯螺栓

① 将机器人用起重机运至安装地点并放下。

② 将吊具从前部小心地推至机器人的底座上（图3-23）。

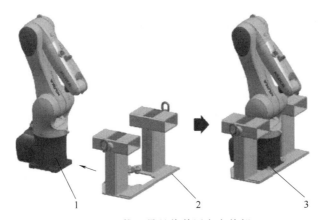

图3-23 推上吊具将其固定在前部

1—底座；2—吊具；3—内六角螺栓 M12×30（前部）

③ 拆下运输吊具。

④ 用2根内六角螺栓 M12×30 和垫片将前部机器人固定在吊具上，$M_A=40\text{N}\cdot\text{m}$。

⑤ 将摆动支架定位在底座上（图3-24）。

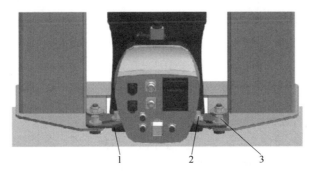

图3-24 将摆动支架定位并将其固定

1—摆动支架；2—内六角螺栓 M12×30（后部）；3—内六角螺栓 M12×30（安全防护螺栓）

⑥ 用2根内六角螺栓 M12×30 和垫片将后部摆动支架固定在底座上，$M_A=40\text{N}\cdot\text{m}$。

⑦ 用2根内六角螺栓 M12×30 和垫片将摆动支架固定在吊具上。

⑧ 将运输吊具悬挂到吊具上的2个转环和起重机上。

⑨ 第1个人：用起重机将机器人缓慢且小心地向上提升。第2个人：在提升过程中防止机器人倾覆。

警告：在提升过程中注意确保机器人不发生倾覆，否则会造成重伤和财产损失。

⑩ 将机器人缓慢旋转90°，小臂必须朝下。

⑪ 用叉车提起吊具（图3-25）。叉车在安装过程中必须留在吊具的叉孔中，以防滑动。

注意：用叉车托起吊具时，必须注意叉孔宽度（140mm），否则会造成财产损失。

⑫ 借助叉车将机器人定位在墙壁上。为了避免销钉损坏，应注意位置要正好水平。

⑬ 将2根内六角螺栓 M12×30（上部内六角螺栓）和上部垫片从底座上拧出（图3-26）。

⑭ 将2根内六角螺栓 M12×30（安全防护螺栓）和垫片从吊具上松开。

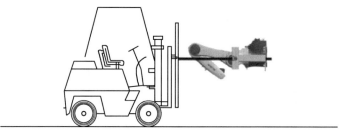

图 3-25　叉车提起吊具

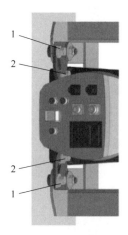

图 3-26　将后部螺栓拧出

1—内六角螺栓 M12×30（上部）；

2—内六角螺栓 M12×30（安全防护螺栓）

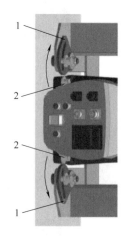

图 3-27　将摆动支架向外旋转

1—摆动支架；

2—六角螺栓 M10×35（上部）

⑮ 将摆动支架向外旋转（图 3-27）。

⑯ 用 2 根六角螺栓 M10×35（上部六角螺栓）和垫片将上部机器人固定在墙壁上。用转矩扳手交替拧紧六角螺栓。分几次将拧紧转矩增加至 45N·m。

⑰ 将 2 根内六角螺栓 M12×30（下部内六角螺栓）和下部垫片从底座上拧出。

⑱ 用叉车小心地将吊具从底座上向下松开。

⑲ 用 2 根六角螺栓 M10×35 和垫片将底座下部的机器人固定在墙壁上。用转矩扳手交替拧紧六角螺栓。分几次将拧紧转矩增加至 45N·m。

⑳ 连接电机电缆 X30 和数据线 X31（图 3-28）。

㉑ 将接地线（机器人控制系统-机器人）连接在接地安全引线上。

㉒ 按照 VDE 0100 和 EN 60204-1 检查电位均衡导线。

㉓ 将接地线（系统部件-机器人）连接在接地安全引线上。

㉔ 如果有，安装工具。

㉕ 100 个运行小时后，用转矩扳手将 4 根六角螺栓再次拧紧。

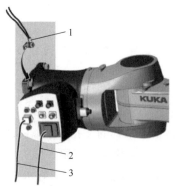

图 3-28　连接导线

1—接地线；2—电机电缆；3—数据线

3.3 机器人控制箱的安装

3.3.1 运输

（1）用运输吊具运输

1）首要条件

机器人控制系统必须处于关断状态；不得在机器人控制系统上连接任何线缆；机器人控制系统的门必须保持关闭状态；机器人控制系统必须竖直放置；防翻倒架必须固定在机器人控制系统上。

2）操作步骤

① 将环首螺栓拧入机器人控制系统中。环首螺栓必须完全拧入并且完全位于支承面上。

② 将带或不带运输十字固定件的运输吊具悬挂在机器人控制系统的所有 4 个环首螺栓上。

③ 将运输吊具悬挂在载重吊车上。

④ 缓慢地抬起并运输机器人控制系统。

⑤ 在目标地点缓慢放下机器人控制系统。

⑥ 卸下机器人控制系统的运输吊具。

（2）用叉车运输

如图 3-29 所示，用叉车运输的操作步骤如下。

① 带叉车袋的机器人控制系统。

② 带变压器安装组件的机器人控制系统。

③ 带滚轮附件组的机器人控制系统。

④ 防翻倒架。

⑤ 用叉车叉取。

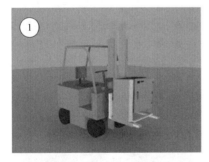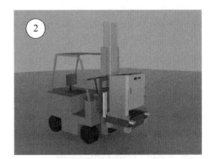
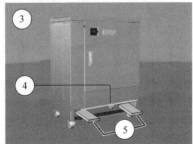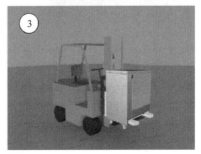

图 3-29　用叉车运输

（3）用电动叉车进行运输

机器人控制系统及防翻倒架如图 3-30 所示。

3.3.2 脚轮套件安装

如图 3-31 所示，脚轮套件用于装在机器人控制系统的控制箱支座或叉孔处。有助于脚轮套件方便地将机器人控制系统从柜组中拉出或推入。

如果重物固定不充分或者起重装置失灵，则重物可能坠落并由此造成人员受伤或财产损失。检查吊具是否正确固定并仅使用具备足够承载力的起重装置，禁止在悬挂重物下停留。其操作步骤如下。

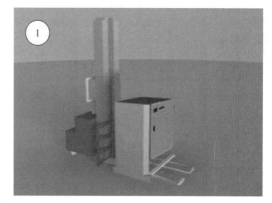

图 3-30　用电动叉车进行运输

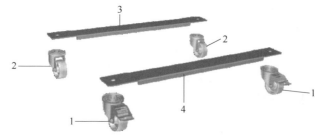

图 3-31　脚轮套件

1—带制动的万向脚轮；2—不带制动的万向脚轮；3—后横向支撑梁；4—前横向支撑梁

① 用起重机或叉车将机器人控制系统至少升起 40cm。

② 在机器人控制系统的正面放置一个横向支撑梁。横向支撑梁上的侧板朝下。

③ 将一个内六角螺栓 M12×35 由下穿过带制动的万向脚轮、横向支撑梁和机器人控制系统。

④ 从上面用螺母将内六角螺栓连同平垫圈和弹簧垫圈拧紧（图 3-32）。拧紧转矩：86N•m。

⑤ 以同样的方式将第二个带制动的万向脚轮安装在机器人控制系统正面的另一侧。

⑥ 以同样的方式将两个不带制动的万向脚轮安装在机器人控制系统的背面（图 3-33）。

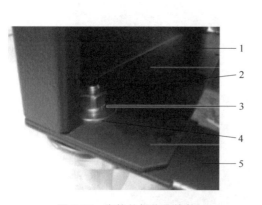

图 3-32　脚轮的螺纹连接件

1—机器人控制系统；2—螺母；3—弹簧垫圈；
4—平垫圈；5—横向支撑梁

图 3-33　脚轮套件

1—不带制动的万向脚轮；2—带制动的
万向脚轮；3—横向支撑梁

⑦ 将机器人控制系统重新置于地面上。

3.3.3　工业机器人电气系统的连接

机器人本体与控制柜之间的连接主要包括电动机动力电缆、转数计数器和用户电缆的连接（连接示意图如图 3-34 所示）。

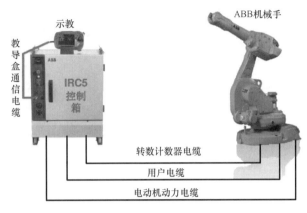

图 3-34　机器人本体与控制柜连接示意图

① 将动力电缆标注为 XP1 的插头接入控制柜 XS1 的插头上，如图 3-35 所示。

② 将动力电缆标注为 R1. MP 的插头接入机器人本体底座的插头上，如图 3-36 所示。

图 3-35　安装动力电缆 XP1 端

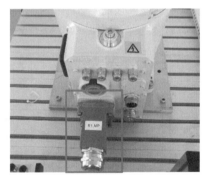

图 3-36　安装动力电缆 R1. MP 端

③ 将 SMB 电缆（直头）接头插入到控制柜 XS2 端口，如图 3-37 所示。

④ 将 SMB 电缆（弯头）接头插入到机器人本体底座 SMB 端口，如图 3-38 所示。

图 3-37　安装 SMB 电缆（直头）

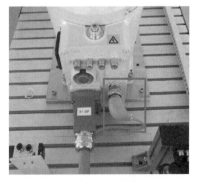

图 3-38　安装 SMB 电缆（弯头）

⑤ 将示教器电缆（红色）的接头插入到控制柜 XS.4 端口，并顺时针旋转连接器的锁环，将其拧紧，完成机器人示教器与控制柜的连接，如图 3-39 所示。

⑥ 将示教器支架安放到合适的位置，并将示教器放好，如图 3-40 所示。

图 3-39　安装示教器电缆

图 3-40　安放示教器

⑦ 用户电缆的连接

服务器信息块（SMB）协议是一种 IBM 协议，用于在计算机间共享文件、打印机、串口等。一旦连接成功，客户机可通过用户电缆发送 SMB 命令到服务器上，从而客户机能够访问共享目录、打开文件、读写文件等。ABB 机器人在本体及控制柜上都有用户电缆（预留）接口，如图 3-41 所示。

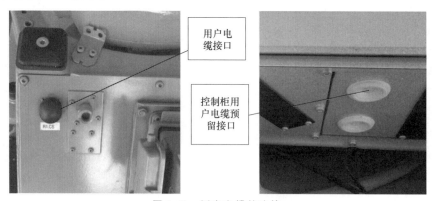
图 3-41　用户电缆的连接

⑧ 在检查后，将电源接头插入控制柜 XP0 端口并锁紧，如图 3-42 所示。

图 3-42　电源接头插入控制柜 XP0 端口

3.4 工业机器人末端装置的安装

3.4.1 认识快速装置

使用一台通用机器人，要在作业时能自动更换不同的末端操作器，就需要配置具有快速装卸功能的换接器。换接器由两部分组成——换接器插座和换接器插头，分别装在机器腕部和末端操作器上，能够实现机器人对末端操作器的快速自动更换。

具体实施时，各种末端操作器存放在工具架上，组成一个专用末端操作器库，如图1-80与图3-43所示。机器人可根据作业要求，自行从工具架上接上相应的专用末端操作器。

对专用末端操作器换接器的要求主要有：同时具备气源、电源及信号的快速连接与切换；能承受末端操作器的工作载荷；在失电、失气情况下，机器人停止工作时不会自行脱离；具有一定的换接精度，等等。

气动换接器和专用末端操作器如图3-44所示。该换接器也分成两部分：一部分装在手腕上，称为换接器；另一部分在末端操作器上，称为配合器。利用气动锁紧器将两部分进行连接，并具有就位指示灯，以表示电路、气路是否接通。其结构如图3-45所示。

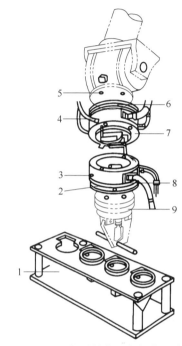

图 3-43 气动换接器与操作器库
1—末端操作器库；2—操作器过渡法兰；3—位置指示器；
4—换接器气路；5—连接法兰；6—过渡法兰；7—换接器；
8—换接器配合端；9—末端操作器

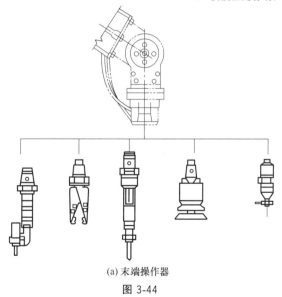

(a) 末端操作器

图 3-44

(b) 末端操作器实物

图 3-44　气动换接器和专用末端操作器

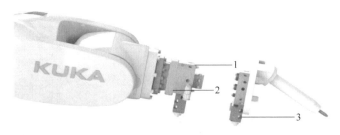

图 3-45　结构

1—快换装置公头；2—快换装置母头；3—末端法兰

3.4.2　末端执行装置的安装

① 安装工具快换装置的主端口，将定位销（工业机器人附带配件）安装在 IRB 120 工业机器人法兰盘中对应的销孔中，安装时切勿倾斜、重击，必要时可使用橡胶锤敲击，如图 3-46 所示。

② 对准快换装置主端口上的销孔和定位销，将快换装置主端口安装在工业机器人法兰盘上，如图 3-47 所示。

图 3-46　安装定位销

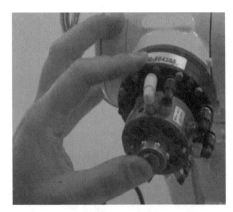

图 3-47　安装主端口

③ 安装 M5×40 规格的内六角螺钉，并使用内六角扳手工具拧紧，如图 3-48 所示。

④ 安装末端工具时，通过按压控制工具快换动作的电磁阀上的手动调试按钮，使快换

装置主端口中的活塞上移，锁紧钢珠缩回，如图 3-49 所示。

⑤ 手动安装末端工具时，需要对齐被接端口与主端口外边上的 U 形口位置来实现末端工具快换装置的安装，如图 3-50 所示。

⑥ 位置对准端面贴合后，松开控制工具快换动作的电磁阀上的手动调试按钮，快换装置主端口锁紧钢珠弹出，使工具快换装置锁紧，如图 3-50 所示。

图 3-48　拧紧内六角螺钉

图 3-49　手动调试按钮

图 3-50　安装末端工具

第4章

工业机器人的维护

4.1 维护标准

4.1.1 维护时间间隔

不同的工业机器人维护时间间隔是有差异的，表 4-1 对某工业机器人所需的维护活动和时间间隔进行了明确说明。

表 4-1 维护标准

序号	维护活动	部位	时间间隔
1	清洁	机器人	随时
2	检查	轴1齿轮箱,油位	6个月
3	检查	轴2和3齿轮箱,油位	6个月
4	检查	轴6齿轮箱,油位	6个月
5	检查	机器人线束	12个月[①]
6	检查	信息标签	12个月
7	检查	机械停止,轴1	12个月
8	检查	阻尼器	12个月
9	更换	轴1齿轮油	当DTC[②]读数达6000h进行第一次更换。当DTC[②]读数达到20000h进行第二次更换。随后的更换时间间隔是20000h
10	更换	轴2齿轮油	
11	更换	轴3齿轮油	
12	更换	轴6齿轮油	

序号	维护活动	部位	时间间隔
13	大修	机器人	30000h
14	更换	SMB 电池组	低电量警告③
15	检查	信号灯	12 个月
16	更换	电缆线束	30000h④（不包括选装上臂线束）
17	更换	齿轮箱⑤	30000h

① 检测到组件损坏或泄漏，或发现其接近组件预期使用寿命时，更换组件。

② DTC＝运行计时器。显示机器人的运行时间。

③ 电池的剩余后备容量（机器人电源关闭）不足 2 个月时，将显示低电量警告（38213 电池电量低）。通常，如果机器人电源每周关闭 2 天，则新电池的使用寿命为 36 个月；而如果机器人电源每天关闭 16h，则新电池的使用寿命为 18 个月。对于较长的生产中断，通过电池关闭服务例行程序可延长使用寿命（大约 3 倍）。

④ 严苛的化学或热环境，或类似的环境可导致预期使用寿命缩短。

⑤ 根据应用的不同，使用寿命也可能不同。为单个机器人规划齿轮箱维修时，集成在机器人软件中的 Service Information System（SIS）可用作指南。此原则适用于轴 1、2、3 和 6 上的齿轮箱。在某些应用（如铸造或清洗）中，机器人可能会暴露在化学物质、高温或湿气中，这些都会对齿轮箱的使用寿命造成影响。

4.1.2　清洁机器人

（1）注意事项

清洁机器人时必须注意和遵守规定的指令，以免造成损坏。这些指令仅针对机器人。清洁设备部件、工具以及机器人控制系统时，必须遵守相应的清洁说明。

使用清洁剂进行清洁作业时，必须注意以下事项：

① 仅限使用不含溶剂的水溶性清洁剂。

② 切勿使用可燃性清洁剂。

③ 切勿使用强力清洁剂。

④ 切勿使用蒸汽和冷却剂进行清洁。

⑤ 不得使用高压清洁装置清洁。

⑥ 清洁剂不得进入电气或机械设备部件中。

⑦ 注意人员保护。

（2）操作步骤

① 停止运行机器人。

② 必要时停止并锁住邻近的设备部件。

③ 如果为了便于进行清洁作业而需要拆下罩板，则将其拆下。

④ 对机器人进行清洁。

⑤ 从机器人上重新完全除去清洁剂。

⑥ 清洁生锈部位，然后涂上新的防锈材料。

⑦ 从机器人的工作区中除去清洁剂和装置。

⑧ 按正确的方式清除清洁剂。

⑨ 将拆下的防护装置和安全装置全部装上，然后检查其功能是否正常。

⑩ 更换已损坏、不能辨认的标牌和盖板。

⑪ 重新装上拆下的罩板。

⑫ 仅将功能正常的机器人和系统重新投入运行。

（3）用布擦拭

食品行业中高清洁等级的食品级润滑机器人在清洁后，确保没有液体流入机器人或滞留在缝隙或表面。

（4）用水和蒸汽清洁

防护类型 IP67（选件）的 IRB 1200 可以用水冲洗（水清洗器）来进行清洁。需满足以下操作条件。

① 喷嘴处的最大水压：不超过 $700kN/m^2$（7bar，标准的水龙头水压和水流）。

② 应使用扇形喷嘴，最小散布角度 $45°$。

③ 从喷嘴到封装的最小距离：0.4m。

④ 最大流量：20L/min。

（5）电缆

可移动电缆需要能自由移动。如果沙、灰和碎屑等废弃物妨碍电缆移动，则将其清除。如果发现电缆有硬皮，则要马上进行清洁。

4.2 | 检查与更换

4.2.1 检查

（1）检查齿轮箱油位

① 关闭连接到机器人的电源、液压源、气压源，然后再进入机器人工作区域。

② 打开检查油塞。

③ 检查所需的油位：1、2、3 轴齿轮箱油塞孔下最多 5mm；6 轴所需的油位是电机安装表面之下 $23mm\pm2mm$。

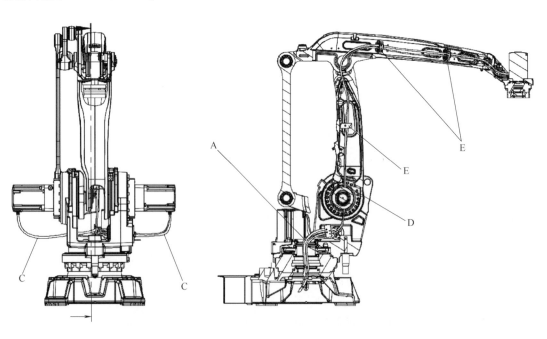

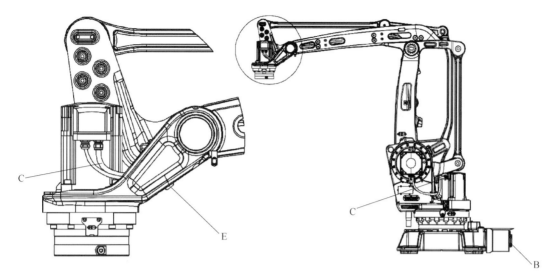

图 4-1　机器人电缆线束位置

A—机器人电缆线束，轴 1～6；B—底座上的连接器；C—电机电缆；

D—电缆导向装置，轴 2；E—金属夹具

④ 根据需要加油。

⑤ 重新装上检查油塞。

（2）检查电缆线束

1）电缆线束位置

机器人轴 1～6 的电缆线束位置如图 4-1 所示。

2）检查电缆线束步骤

① 关闭连接到机器人的电源、液压源、气压源，然后再进入机器人工作区域。

② 对电缆线束进行全面检查，以检测磨损和损坏情况。

③ 检查底座上的连接器。

④ 检查电机电缆。

⑤ 检查电缆导向装置（轴 2）。如有损坏，将其更换。

⑥ 检查下臂上的金属夹具。

⑦ 检查上臂内部固定电缆线束的金属夹具，如图 4-2 所示。

⑧ 检查轴 6 上固定电机电缆的金属夹具。

⑨ 如果检测到磨损或损坏，则更换电缆线束。

（3）检查信息标签

1）标签位置（图 4-3）

2）检查标签步骤

① 关闭连接到机器人的电源、液压源、气压源，然后再进入机器人工作区域。

② 检查位于图示位置的标签。

③ 更换所有丢失或受损的标签。

（4）检查额外的机械停止

1）机械停止的位置

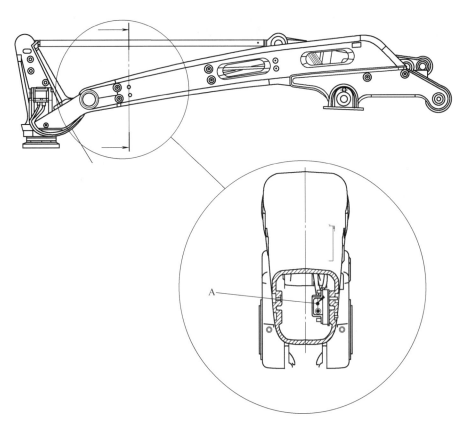

图 4-2 上臂内部固定电缆线束的金属夹具

A—上臂内部的金属夹具

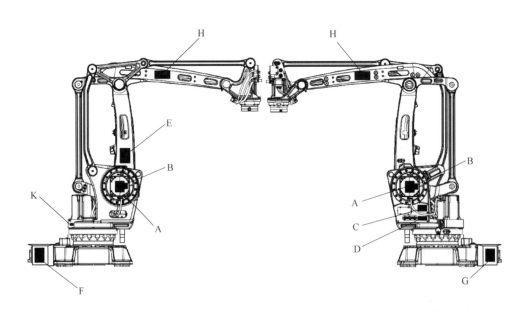

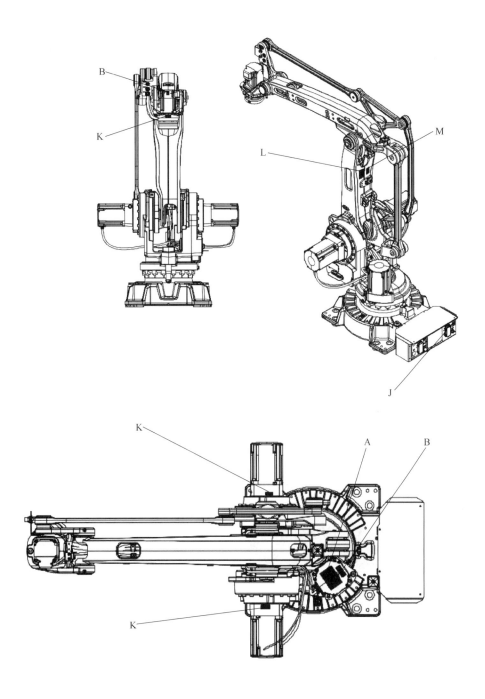

图 4-3　标签位置

A—警告标签"高温"（位于电机盖上），3HAC4431-1（3 个）；B—警告标签"闪电"（位于电机盖上），
3HAC1589-1（4 个）；C—组合警告标签"移动机器人""用手柄关闭"和"拆卸前参阅产品手册"，
3HAC17804-1；D—组合警告标签"制动闸释放""制动闸释放按钮"和"移动机器人"，
3HAC8225-1；E—起吊机器人的说明标签，3HAC039135-001；F—警告标签"拧松螺栓时
的翻倒风险"，3HAC9191-1；G—底座上规定了向齿轮箱注入哪种油的信息标签，
3HAC032906-001；H—ABB 标识，3HAC17765-2（2 个）；J　UL 标签，
3HAC2763-1；K—每个齿轮箱旁边，规定齿轮箱使用哪种油的信息标签，
3HAC032726-001（4 个）；L—序列号标签；M—校准标签

图 4-4 显示轴 1 上额外的机械停止的位置。

2）检查机械停止步骤

① 关闭连接到机器人的电源、液压源、气压源，然后再进入机器人工作区域。

② 检查轴 1 上的额外机械停止是否受损。

③ 确保机械停止安装正确。机械停止的正确拧紧转矩：轴 1＝115N・m。

④ 如果检测到任何损伤，则必须更换机械停止。正确的连接螺钉：轴 1，M12×40，质量等级 12.9。

（5）检查阻尼器

1）阻尼器的位置

图 4-5 显示阻尼器的位置。

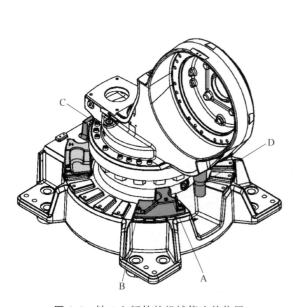

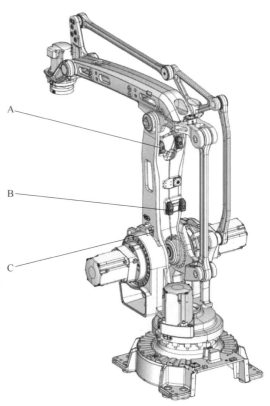

图 4-4　轴 1 上额外的机械停止的位置

A—额外的机械停止，轴 1；B—连接螺钉和垫圈（2 个）；
C—固定的机械停止；D—机械停止销，轴 1

图 4-5　阻尼器的位置

A—阻尼器，下臂上部（2 个）；B—阻尼器，下臂下部（2 个）；
C—阻尼器，轴 2（2 个）；D—阻尼器，轴 3（2 个）

（在本视图中不可见）

2）检查步骤

① 关闭连接到机器人的电源、液压源、气压源，然后再进入机器人工作区域。

② 检查所有阻尼器是否受损、破裂或存在大于 1mm 的印痕。

③ 检查连接螺钉是否变形。

④ 如果检测到任何损伤，必须用新的阻尼器更换受损的阻尼器。

（6）检查信号灯（选件）

1）信号灯的位置

信号灯的位置如图 4-6 所示。

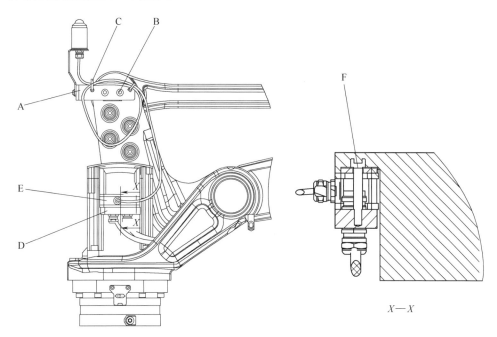

图 4-6　信号灯的位置

A—信号灯支架；B—连接螺钉 M8×12 和支架（2 个）；C—电缆带（2 个）；
D—电缆接头盖；E—电机适配器（包括垫圈）；F—连接螺钉，M6×40（1 个）

2）检查信号灯的步骤

① 当电机运行时（"MOTORS ON"），检查信号灯是否常亮。

② 关闭连接到机器人的电源、液压源、气压源，然后再进入机器人工作区域。

③ 如果信号灯未常亮，可通过以下方式查找故障：

• 检查信号灯是否已经损坏。如已损坏，请更换该信号灯。

• 检查电缆连接。

• 测量在轴 6 电机连接器处的电压，查看该电压是否等于 24V。

• 检查布线。如果检测到故障，更换布线。

（7）检查同步带

1）检查

有的工业机器人采用同步带传动，比如 IRB 1200 机器人的同步带位置如图 4-7 所示。其步骤如表 4-2 所示。

表 4-2　检查同步带步骤

步骤	操作	注释
1	关闭连接到机器人的所有电源、液压供应系统、气压供应系统	
2	卸除盖子即可看到每条同步带	应用 2.5mm 内六角圆头扳手，长 110mm
3	检查同步带是否损坏或磨损	
4	检查同步带轮是否损坏	
5	如果检查到任何损坏或磨损，则必须更换该部件	
6	检查每条皮带的张力。如果皮带张力不正确，应进行调整	轴 4：F=30N 轴 5：F=26N

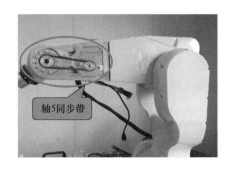

图 4-7 同步带的位置

2）测量和调整齿形带张力

现在有的工业机器人还采用同步齿形带，故测量和调整其张力就显得尤为重要。现以测量和调整 KUKA 工业机器人 A5 和 A6 齿形带张力为例来介绍之。

轴 A5 和 A6 齿形带张力测量和调整方法都相同。轴 5 处于水平位置，轴 6 上没有安装工具。

注意：机器人意外运动可能会导致人员受伤及设备损坏。如果在可运行的机器人上作业，则必须通过操作紧急停止装置锁定机器人。在重新投入运行开始前应向参与工作的相关人员发出警示。

说明：如果要在机器人停止运行后立即测量和调整齿形带张力，则必须考虑齿形带表面温度可能会导致烫伤。要戴上防护手套。

① 将 7 根半圆头法兰螺栓 M3×10-10.9 从盖板上拧出，并取下盖板（图 4-8）。

② 松开电机 A5 上的 2 根半圆头法兰螺栓 M4×10-10.9（图 4-9）。

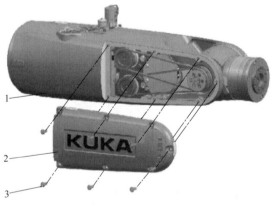

图 4-8 将盖板从机器人腕部上拆下的示例

1—机器人腕部；2—盖板；3—半圆头法兰螺栓

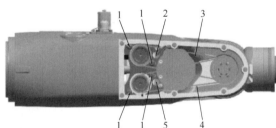

图 4-9 张紧齿形带

1—半圆头法兰螺栓；2—电机托架 A5 开口；3—齿形带 A5；

4—齿形带 A6；5—电机托架 A6 开口

③ 将合适的工具（例如：螺丝刀）插入电机托架上相应的开口中，并小心地向左按压电机，以张紧齿形带 A5。

④ 略微拧紧电机 A5 上的 2 根半圆头法兰螺栓 M4×10-10.9。

⑤ 将齿形带张力测量设备投入使用（图4-10）。

⑥ 拉紧齿形带A5，将齿形带中间的传感器与摆动的齿形带之间的距离保持在2～3mm。根据齿形带张力测量设备读取测量结果。注意齿形带与齿形带齿轮应啮合正确（如图4-11）。

⑦ 拧紧电机A5上的2根半圆头法兰螺栓M4×10-10.9，M_A=1.9N·m。

⑧ 将机器人投入运行，并双向移动A5。

⑨ 通过按下紧急停止装置锁闭机器人。

⑩ 重新测量齿形带张力。如果测得的数值与表中的数值不一致，则重复工作步骤2～10。

⑪ 针对齿形带A6，执行工作步骤2～10。

⑫ 装上盖板，然后用7根新的半圆头法兰螺栓M3×10-10.9将其固定；M_A=0.8N·m。

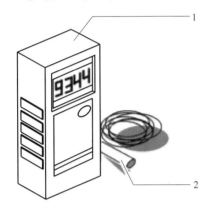

图4-10　齿形带张力测量设备

1—齿形带张力测量设备；2—传感器

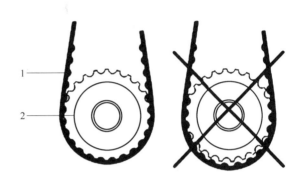

图4-11　齿形带和齿形带齿轮

1—齿形带；2—齿形带齿轮

4.2.2　更换

（1）换油

1）机器人底座处的标签

机器人底座处的标签显示所有齿轮箱用油的类型，如图4-12所示。

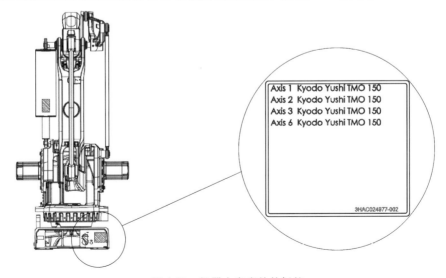

图4-12　机器人底座处的标签

2）位置

轴 1 齿轮箱位于机架和底座之间。油塞详情如图 4-13 所示，排油塞如图 4-14 所示。轴 2 和 3 的齿轮箱位于电机连接处下方、下臂旋转中心处。图 4-15 显示轴 2 齿轮箱的位置。图 4-16 显示轴 3 齿轮箱的位置。轴 6 齿轮箱位于倾斜机壳装置的中心，如图 4-17 所示。

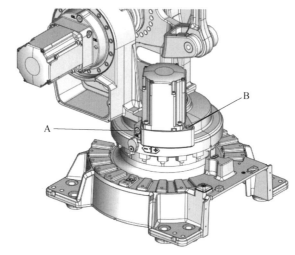

图 4-13　轴 1 齿轮箱位置
A—排油塞；B—注油塞

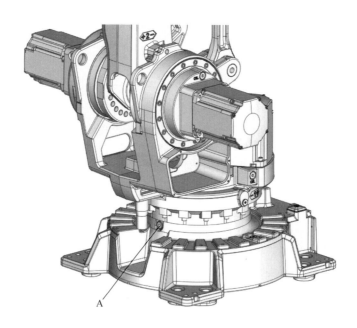

图 4-14　排油塞
A—排油塞

3）轴 1～轴 3 排油操作步骤

① 关闭连接到机器人的电源、液压源、气压源，然后再进入机器人工作区域。

② 对于轴 1 来说，卸下注油塞，可让排油速度加快。对于轴 2、3 来说，需卸下通风孔塞。

③ 卸下排油塞并用带油嘴和集油箱的软管排出齿轮箱中的油。

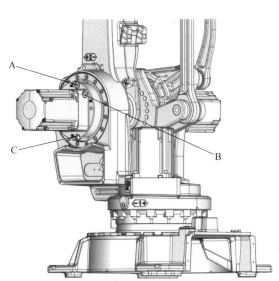

图 4-15　轴 2 齿轮箱的位置

A—轴 2 齿轮箱通风孔塞；B—注油塞；C—排油塞

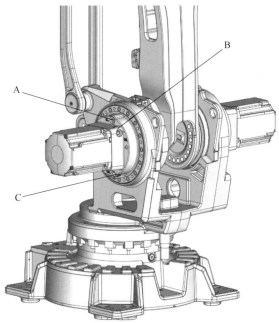

图 4-16　轴 3 齿轮箱的位置

A—轴 2 齿轮箱通风孔塞；B—注油塞；C—排油塞

④ 重新装上油塞。

4）轴 6 排油操作步骤

① 将倾斜机壳置于适当的位置。

② 关闭连接到机器人的电源、液压源、气压源，然后再进入机器人工作区域。

③ 通过卸下排油塞，将润滑油排放到集油箱中。同时卸下注油塞。

④ 重新装上排油塞和注油塞。

5）轴 1～轴 6 注油操作步骤

① 关闭连接到机器人的电源、液压源、气压源，然后再进入机器人工作区域。

② 对于轴 1、6 来说，打开注油塞。对于轴 2、3 来说，应同时拆下通风孔塞。

③ 向齿轮箱重新注入润滑油。需重新注入的润滑油量取决于之前排出的润滑油量。

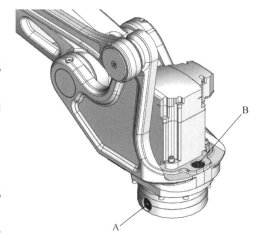

图 4-17　轴 6 齿轮箱的位置

A—排油塞；B—注油塞

④ 对于轴 1、6 来说，重新装上注油塞。对于轴 2、3 来说，应重新装上注油塞和通风孔塞。

（2）更换电池组

电池的剩余后备电量（机器人电源关闭）不足 2 个月时，将显示电池低电量警告（38213 电池电量低）。通常，如果机器人电源每周关闭 2 天，则新电池的使用寿命为 36 个月，而如果机器人电源每天关闭 16h，则新电池的使用寿命为 18 个月。对于较长的生产中断，通过电池关闭服务例行程序可延长使用寿命（大约提高使用寿命 3 倍）。

1）更换电池组的准备

电池组的位置如图 4-18 所示，使用 2.5mm 内六角圆头扳手（长 110mm）、刀具、塑料扎带等。

将机器人各个轴调至其零位位置，以便于转数计数器更新。同时关闭连接到机器人的所有电源、液压供应系统、气压供应系统。

2）卸下电池组（表 4-3）

3）重新安装电池组（表 4-4）

（3）其他操作

更新转数计数器。对于 Clean Room 版机器人：清洁打开的关节相关部位并将其涂漆。完成所有工作后，用蘸有酒精的无绒布擦掉 Clean Room 版机器人上的颗粒物。

要确保在执行首次试运行时，满足所有安全要求。

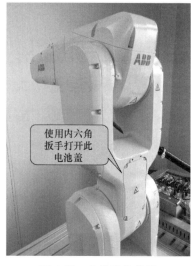

图 4-18　电池组的位置

表 4-3　卸下电池组

步骤	操作	图示
1	确保电源、液压和压缩空气都已经全部关闭	
2	该装置易受 ESD 影响，应释放静电	
3	对于 Clean Room 版机器人：在拆卸机器人的零部件时，务必使用刀具切割漆层以免漆层开裂，并打磨漆层毛边以获得光滑表面	
4	卸下下臂连接器盖的螺钉并小心打开盖子，注意盖子上连着的线缆	
5	拔下 EIB 单元的 R1.ME1-3、R1.ME4-6 和 R2.EIB 连接器	

步骤	操作	图示
6	断开电池线缆	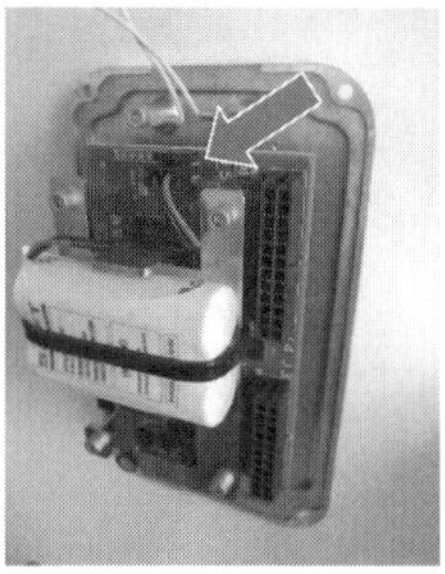
7	割断固定电池的线缆扎带并从 EIB 单元取出电池。 注意:电池包含保护电路。只使用规定的备件或 ABB 认可的同等质量的备件进行更换	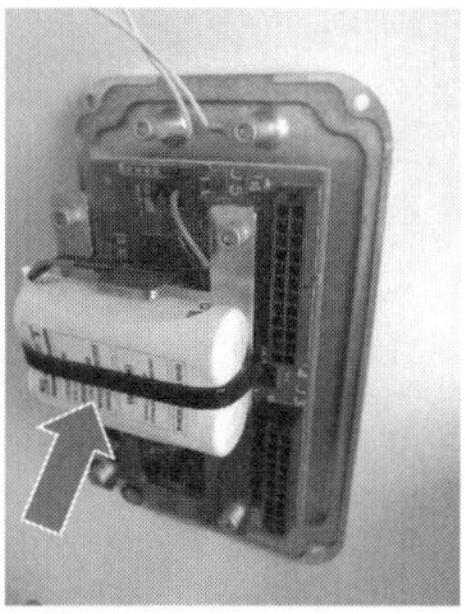

表 4-4　重新安装电池组

步骤	操作	注释
1	该装置易受 ESD 影响,应释放静电	
2	Clean Room 版机器人:清洁已打开的接缝	
3	安装电池并用线缆扎带固定。 注意:电池包含保护电路。只使用规定的备件或 ABB 认可的同等质量的备件进行更换	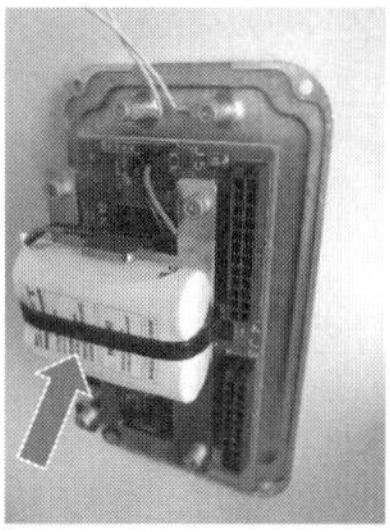
4	连接电池线缆	

步骤	操作	注释
5	用固定电池的线缆扎带扎好电池	
6	用螺钉将 EIB 盖装回到下臂。 螺钉:M3×8。 拧紧转矩:1.5N·m。 注意:只使用原来的螺钉,切勿用其他螺钉替换	
7	Clean Room 版机器人:密封和对盖子与本体的接缝进行涂漆处理。 注意:完成所有维修工作后,用蘸有酒精的无绒布擦掉机器人上的颗粒物	

4.3 工业机器人运行监测

4.3.1 工业机器人运行参数检测

(1)机械单元

显示当前选择手动控制的机械单元,在手动操纵机器人运动或者程序调试过程中,可以在手动操纵界面查看当前机器人的运行参数,包括当前使用的机械单元、机器人当前的动作模式、使用的工具坐标系和工件坐标系、有效载荷等。在示教器上选择各功能按钮(除去灰色部分)后可进入对应的设置界面,如图 4-19 所示。

(2)绝对精度 Off

绝对精度 Off(关闭)为默认值,如果机器人配备了 Absolute Accuracy 选件,则会显示"绝对精度:On",如图 4-19 所示。

(3)动作模式

工业机器人当前的动作模式,有单轴、线性、重定位几种选项,如图 4-20 所示。

(4)工具坐标系

当前选用的工具及对应工具坐标系,如图 4-21 所示。

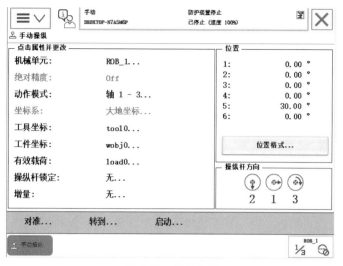

图 4-19　机械单元

图 4-20　动作模式

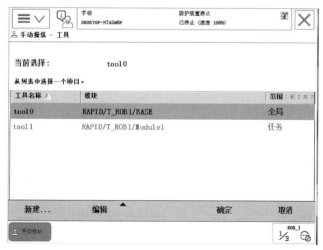

图 4-21　工具坐标系

（5）工件坐标系

当前使用的工件坐标系，如图4-22所示。

（6）有效载荷

当前使用的有效载荷，如图4-23所示。

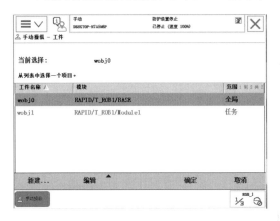

图4-22　工件坐标系

图4-23　有效载荷

（7）控制杆锁定

当前锁定的操纵杆方向，如图4-24所示。

（8）增量

选择增量模式时，增量的幅度如图4-25所示。

图4-24　控制杆锁定

图4-25　增量

图4-26　选择显示方式

（9）位置

显示当前工业机器人相对所选择参照坐标系的精确位置，如图4-19所示。可根据需求，点击"位置格式"按钮，进入设置界面，自行选择显示方式和参考坐标系，如图4-26所示。

（10）控制杆方向

显示当前控制杆方向，取决于动作模式的设置，如图4-19所示。

4.3.2 工业机器人运行状态检测

① 操作模式检测。在状态栏可以检测到当前机器人的操作模式，有全速自动、手动和自动三种模式，如图 4-27 所示。

图 4-27 操作模式检测

② 系统名称检测。控制器和系统名称的显示选项可以通过图 4-28～图 4-31 步骤修改。

图 4-28 步骤一

图 4-29 步骤二

图 4-30 步骤三

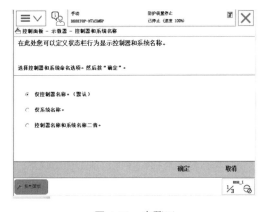

图 4-31 步骤四

③ 控制柜状态检测。显示电机状态，按下使能键第一挡会显示电机开启，松开或按下第二挡会显示防护装置停止，如图 4-32 所示。

④ 程序状态检测。程序运行状态，显示程序的运行或停止状态，如图 4-32 所示。

图 4-32　控制柜状态检测

⑤ 运行速度检测。图示位置显示当前机器人的运行速度，如图 4-32 所示。

⑥ 机械单元检测。显示当前选择手动控制的机械单元，如图 4-33 所示。

图 4-33　机械单元检测

第5章

ABB工业
机器人的操作

5.1　ABB 工业机器人的基本操作

5.1.1　示教器的基本操作

应用工业机器人的基础就是操作工业机器人。操作工业机器人，就必须应用工业机器人的示教器（Flex Pendant），如图 5-1 所示。

图 5-1　ABB 工业机器人示教器

（1）认识示教器

示教器是工业机器人重要的控制及人机交互部件，是进行机器人的手动操纵、程序编写、参数配置以及监控等操作的手持装置，也是操作者最常打交道的机器人控制装置。

一般来说，操作者左手握持示教器，右手进行相应的操作，如图 5-2 所示。

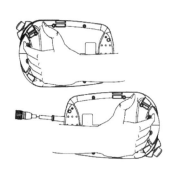

图 5-2　手持示教器

（2）示教器的基本结构

1）示教器的外观及布局

示教器的外观布局如图 5-3 所示。

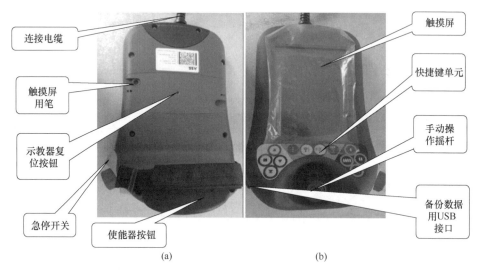

连接电缆

触摸屏用笔

示教器复位按钮

急停开关

使能器按钮

触摸屏

快捷键单元

手动操作摇杆

备份数据用USB接口

(a)　　　　　　(b)

图 5-3　ABB IRC5 示教器

示教器正面有专用的硬件按钮（如图 5-3），用户可以在上面的四个预设键上配置所需功能。示教器硬件按钮说明如表 5-1 所示。

表 5-1　示教器硬件按钮

硬件按钮示意图	标号	说明
	A~D	预设按键
	E	选择机械单元
	F	切换运动模式,重定位或线性模式
	G	切换运动模式,轴 1～3 或轴 4～6
	H	切换增量
	J	步退按钮。按下时可使程序后退至上一条指令
	K	启动按钮。开始执行程序
	L	步进按钮。按下时可使程序前进至上一条指令
	M	停止按钮。按下时停止程序执行

工业机器人操作与运维自学·考证·上岗一本通（初级）

2）正确使用使能键按钮

使能键按钮位于示教器手动操作摇杆的右侧，操作者应用左手的手指进行操作。

在示教器按键中要特别注意使能键的使用。使能键是机器人为保证操作人员人身安全而设置的。只有在按下使能键并保持在"电动机开启"的状态下，才可以对机器人进行手动的操作和程序的编辑调试。当发生危险时，人会本能地将使能键松开或按紧，机器人则会马上停下来，保证安全。另外在自动模式下，使能键是不起作用的；在手动模式下，该键有三个位置：

① 不按——释放状态：机器人电动机不上电，机器人不能动作，如图5-4所示。

图5-4　电动机不上电

② 轻轻按下：机器人电动机上电，机器人可以按指令或摇杆操纵方向移动，如图5-5所示。

图5-5　电动机上电

③ 用力按下：机器人电动机失电，停止运动，如图5-6所示。

图5-6　电动机失电

（3）示教器的界面窗口

1）主界面

示教器的主界面如图 5-7 所示，由于版本的不同，示教器的开机界面会有所不同。各部分说明如表 5-2 所示。

图 5-7　示教器主界面

表 5-2　示教器主界面说明

标号	说明
A	ABB 菜单
B	操作员窗口：显示来自机器人程序的信息。程序需要操作员做出某种响应以便继续时，往往会出现此情况
C	状态栏：状态栏显示与系统状态有关的重要信息，如操作模式、电机开启/关闭、程序状态等
D	关闭按钮：点击关闭按钮将关闭当前打开的视图或应用程序
E	任务栏：透过 ABB 菜单，可以打开多个视图，但一次只能操作一个，任务栏显示所有打开的视图，并可用于视图切换
F	快捷键菜单：包含对微动控制和程序执行进行的设置等

2）界面窗口

菜单中每项功能选择后，都会在任务栏中显示一个按钮。可以按此按钮切换当前的任务（窗口）。图 5-8 是一个同时打开四个窗口的界面，在示教器中最多可以同时打开 6 个窗口，且可以通过单击窗口下方任务栏按钮实现在不同窗口之间的切换。

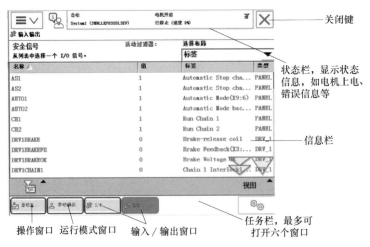

图 5-8　ABB 示教器系统窗口

（4）示教器的主菜单

示教器系统应用进程从主菜单开始，每项应用将在该菜单中选择。按系统菜单键可以显示系统主菜单，如图 5-9 所示，各菜单功能见表 5-3。

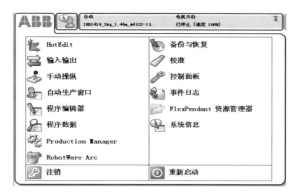

图 5-9　ABB 示教器系统主菜单

表 5-3　ABB 机器人示教器主菜单功能

序号	图标	名称	功能
1		输入输出（I/O）	查看输入输出信号
2		手动操纵	手动移动机器人时，通过该选项选择需要控制的单元，如机器人或变位机等
3		自动生产窗口	由手动模式切换到自动模式时，窗口自动跳出。自动运行中可观察程序运行状况
4		程序数据窗口	设置数据类型，即设置应用程序中不同指令所需要的不同类型的数据
5		程序编辑器	用于建立程序、修改指令及程序的复制、粘贴、删除等
6		备份与恢复	备份程序、系统参数等
7		校准	输入、偏移量、零位等校准
8		控制面板	参数设定、I/O 单元设定、弧焊设备设定、自定义键设定及语言选择等。例如，示教器中英文界面选择方法：ABB→控制面板→语言→Control　Panel→Language→Chinese
9		事件日志	记录系统发生的事件，如电机通电/失电、出现操作错误等各种过程
10		资源管理器	新建、查看、删除文件夹或文件等
11		系统信息	查看整个控制器的型号、系统版本和内存等

（5）示教器的快捷菜单

快捷菜单提供较操作窗口更加快捷的操作按键，可用于选择机器人的运动模式、坐标系等，是"手动操作"的快捷操作界面，每项菜单使用一个图标显示当前的运行模式或设定值。快捷菜单如图 5-10 所示，各选项含义见表 5-4。

图 5-10　ABB 机器人系统快捷菜单

表 5-4　ABB 机器人系统快捷菜单功能

序号	图标	名称	功能
1	ROB_1 1/3 ⋯	快捷键	快速显示常用选项
2		机械单元	工件与工具坐标系的改变
3		增量	手动操纵机器人的运动速度调节
4		运行模式	有连续和单次运行两种
5		步进运行	不常用
6		速度模式	运行程序时使用,调节运行速度的百分率
7		停止和启动	停止和启动机械单元

注意：ABB 示教器版本不同，快捷键各部分图标会不同，但是并不影响各快捷键的定义和使用。

5.1.2　ABB 机器人系统的基本操作

（1）机器人系统的启动及关闭

1）认识机器人电气柜

机器人电气柜面板及功能如图 5-11 所示，各部分功能如表 5-5 所示。

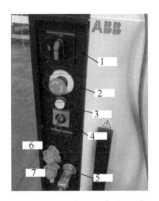

图 5-11 机器人电气柜面板

表 5-5 面板部件说明

标号	说明
1	机器人电源开关:用来闭合或切断控制柜总电源。图示状态为开启,逆时针旋转为关闭
2	急停按钮:用于紧急情况下的强行停止,当需恢复时只需顺时针旋转释放即可
3	上电按钮及上电指示灯:手动操作时,当指示灯常亮表示电机上电;当指示灯频闪时,表示电机断电。当机器人切换到自动状态时,在示教器上点击确定后还需按下这个按钮,机器人才会进入自动运行状态
4	机器人运动状态切换旋钮分为自动、手动、手动 100% 三挡模式,左边为自动运行模式,中间为手动限速模式,右侧为手动全速模式
5	示教器接口:连接示教器
6	USB 接口:可以连接外部移动设备,如 U 盘等,可用于系统的备份/恢复、文件或程序的复制/读取等
7	RJ45 以太网接口:连接以太网

2）机器人的开关机操作

① 开机。

在确保设备正常及机器人工作范围内无人后,打开总控制柜电源开关即机器人控制柜上的电源主开关（如图 5-12 所示的电源总开关）,系统自动检查硬件。检查完成后若没有发现故障,系统将在示教器上显示如图 5-7 所示的界面信息。

② 关机。

在关闭机器人系统之前,首先要检查是否有人处于工作区域内,以及设备是否运行,以免发生意外。如果有程序正在运行,则必须先用示教器上的停止按钮使程序停止运行。当机器人回复到原点后,关闭机器人控制柜上主电源开关,机器人系统关闭。

这里需要特别注意的是,为了保护设备,不得频繁开关电源,设备关机后再次开启电源的间隔时间不得小于 2min。

（2）机器人系统的重启

1）重启条件

ABB 机器人系统可以长时间无人操作,无须定期重新启动运行的系统。在以下情况下需要重新启动机器人

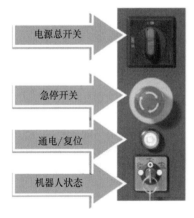

图 5-12 机器人总控制柜开关

电源总开关

急停开关

通电/复位

机器人状态

系统：

① 安装了新的硬件；

② 更改了机器人系统配置参数；

③ 出现系统故障（SYSFAIL）；

④ RAPID 程序出现故障；

⑤ 更换 SMB 电池。

2）重启种类

ABB 机器人系统的重启主要有以下几种类型：

① 热启动　使用当前的设置重新启动当前系统；

② 关机　关闭主机；

③ B-启动　重启并尝试回到上一次的无错状态，一般情况下当系统出现故障时常使用这种方式；

④ P-启动　重启并将用户加载的 RAPID 程序全部删除；

⑤ I-启动　重启并将机器人系统恢复到出厂状态。

操作步骤为：主菜单—重新启动—选择所需要的启动方式。

（3）设置系统语言

ABB IRC5 示教器出厂时，默认的显示语言是英语。系统支持多种显示语言，为了方便操作，下面以设置中文界面为例介绍设定系统语言的操作，具体操作步骤如表 5-6 所示。

表 5-6　设定示教器系统语言步骤

操作说明	操作界面
①将控制柜上的机器人状态钥匙切换到中间的手动限速状态,在状态栏中确认机器人状态已切换为手动限速模式	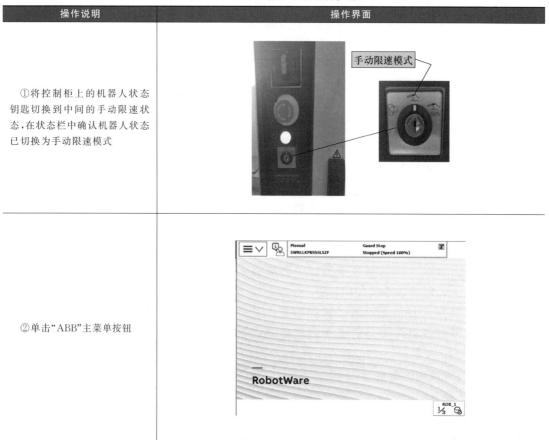
②单击"ABB"主菜单按钮	

续表

操作说明	操作界面
③选择"Control Panel"	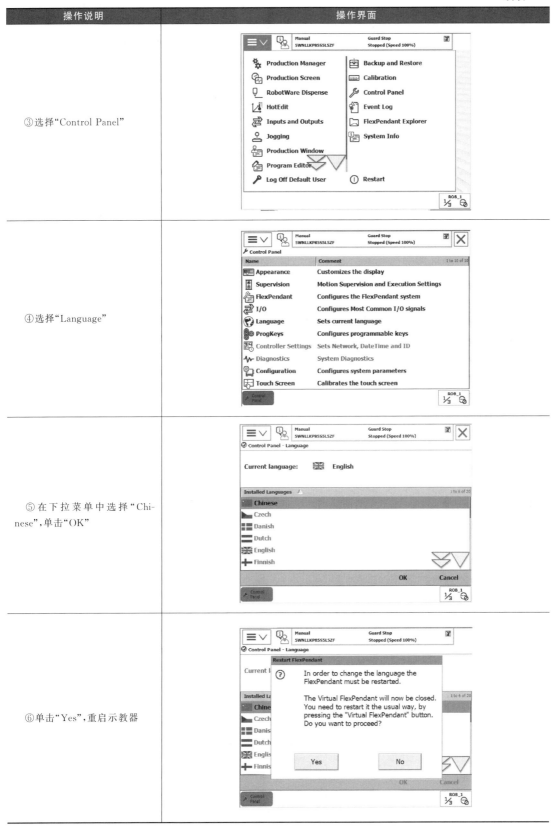
④选择"Language"	
⑤在下拉菜单中选择"Chinese",单击"OK"	
⑥单击"Yes",重启示教器	

操作说明	操作界面
⑦重启后,示教器自动切换到中文界面	

（4）设置系统日期与时间

设定机器人系统的时间，是为了方便进行文件的管理和故障的查阅与管理，在进行各种操作之前要将机器人系统的时间设定为本地区的时间，具体操作步骤见表 5-7。

表 5-7　机器人系统的时间设定步骤

操作说明	操作界面
①单击"ABB"按钮,在主菜单下选择"控制面板"	
②选择"日期和时间"	
③在此界面就能对时间和日期进行设定。时间和日期设定完成后,单击"确定"	

（5）查看机器人常用信息与事件日志

通过示教器界面上的状态栏进行 ABB 机器人常用信息的查看，状态栏常用信息介绍如图 5-13 所示，其界面说明见表 5-8。

表 5-8　界面说明

标号	说明
A	机器人的状态,包括手动、全速手动和自动三种
B	机器人的系统信息
C	机器人电动机状态,图中表示电机开启
D	机器人程序运行状态
E	当前机器人或外部轴的使用状态

单击窗口中上部的状态栏，就可以查看机器人的时间日志，图 5-14 为时间日志查看界面。

图 5-13　状态栏常用信息

图 5-14　查看时间日志界面

（6）系统的备份与恢复

定期对机器人系统进行备份，是保证机器人正常工作的良好习惯。备份文件可以放在机器人内部的存储器上，也可以备份到移动设备（如 U 盘、移动硬盘等）上，建议使用 U 盘进行备份，且必须专盘专用，防止病毒感染。备份文件包含运行程序和系统配置参数等内容。当机器人系统出错时，可以通过备份文件快速恢复到备份前的状态。为了防止程序丢失，在程序更改前建议做好备份。

1）系统的备份

系统备份的具体操作步骤如表 5-9 所示。

表 5-9　系统备份的操作步骤

操作说明	操作界面
①单击"ABB"按钮,在主菜单下单击"备份与恢复"	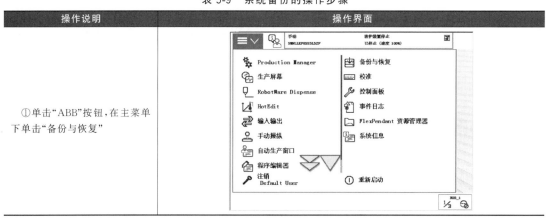

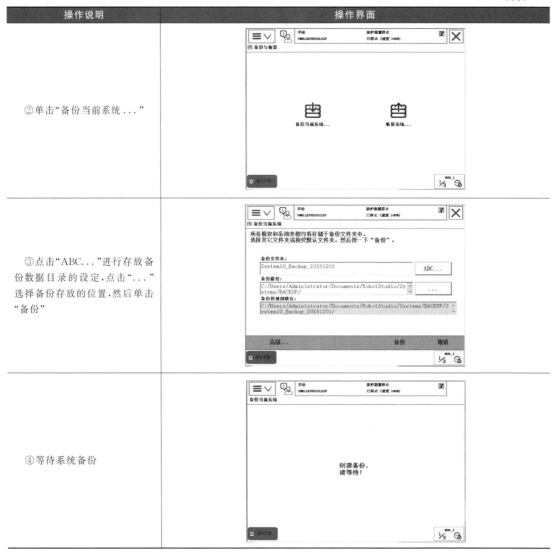

操作说明	操作界面
②单击"备份当前系统..."	
③点击"ABC..."进行存放备份数据目录的设定,点击"..."选择备份存放的位置,然后单击"备份"	
④等待系统备份	

2) 系统的恢复

系统恢复的具体操作步骤如表 5-10 所示。

表 5-10 系统恢复的操作步骤

操作说明	操作界面
①单击"ABB"按钮,在主菜单下单击"备份与恢复",单击"恢复系统..."	

操作说明	操作界面
②点击"..."选择备份文件存放的目录	
③选择备份的文件，单击"确定"	
④单击"恢复"	
⑤单击"是"。需要注意的是，备份恢复数据是具有唯一性的，不能将一台机器人的备份数据恢复到另一个机器人上	

操作说明	操作界面
⑥系统恢复后,重启系统即可	

5.1.3 新建和加载程序

（1）ABB 机器人存储器

机器人运行程序一般是由操作人员按照加工要求示教机器人,并记录运动轨迹而形成的文件,编辑好的程序文件存储在机器人存储器中。机器人的程序由主程序、子程序及程序数据构成。在一个完整的应用程序中,一般只有一个主程序,而子程序可以是一个,也可以是多个。

机器人的程序编辑器中存有程序模板,类似计算机办公软件的 Word 文档模板,编程时按照模板在里面添加程序指令语句即可。"示教"就是机器人学习的过程,在这个过程中,操作者要手把手教会机器人做某些动作,机器人的控制系统会以程序的形式将其记忆下来。机器人按照示教时记忆下来的程序展现这些动作,就是"再现"过程。

ABB 机器人存储器包含应用程序和系统模块两部分。存储器中只允许存在一个主程序,所有例行程序（子程序）与数据无论存在什么位置,全部被系统共享。因此,所有例行程序与数据除特殊规定以外,名称不能重复。ABB 工业机器人存储器组成如图 5-15 所示。

1) 应用程序（Program）的组成

应用程序由主模块和程序模块组成。主模块（Main modules）包含主程序（Main routine）、程序数据（Program data）和例行程序（Routine）,程序模块（Program modules）包含程序数据（Program data）和例行程序（Routine）。

2) 系统模块（System modules）的组成

系统模块包含系统数据（System data）和例行程序（Routine）。所有 ABB 机器人都自带两个系统模块,USER 模块和 BASE 模块。使用时对系统自动生成的任何模块都不能进行修改。

（2）新建和加载程序

在示教器中新建与加载一个程序的步骤如表 5-11 所示。

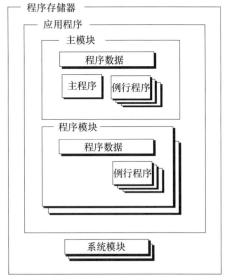

图 5-15 ABB 工业机器人存储器的组成

表 5-11　新建和加载程序

操作说明	操作界面
①在主菜单下，单击"程序编辑器"	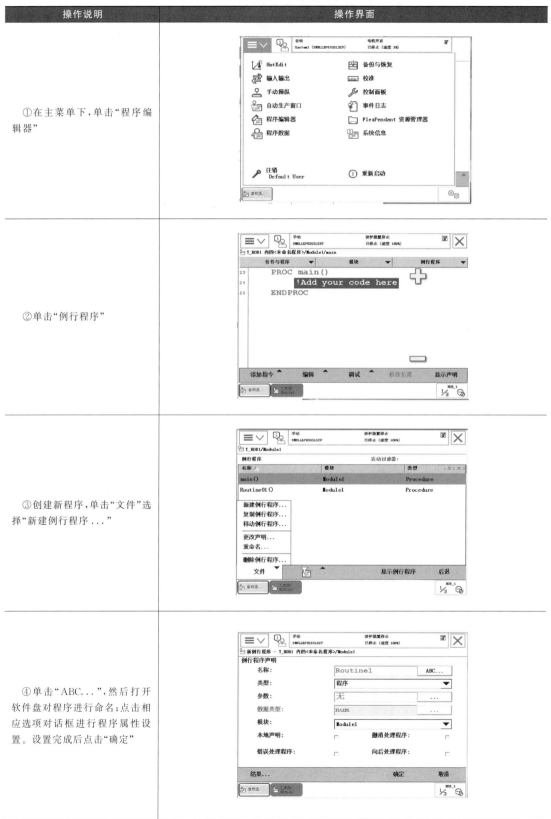
②单击"例行程序"	
③创建新程序，单击"文件"选择"新建例行程序..."	
④单击"ABC..."，然后打开软件盘对程序进行命名；点击相应项对话框进行程序属性设置。设置完成后点击"确定"	

操作说明	操作界面
⑤程序创建完成	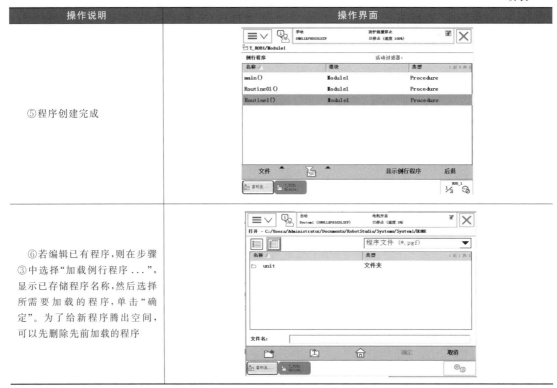
⑥若编辑已有程序,则在步骤③中选择"加载例行程序...",显示已存储程序名称,然后选择所需要加载的程序,单击"确定"。为了给新程序腾出空间,可以先删除先前加载的程序	

ABB 机器人支持从外部移动设备导入程序到系统中,例如通过仿真系统建立的程序等。加载 U 盘程序的具体操作步骤如表 5-12 所示。

表 5-12　加载 U 盘程序的步骤

操作说明	操作界面
①打开 ABB 控制柜,将 USB 存储器插入柜内上部机箱的 USB 接口中	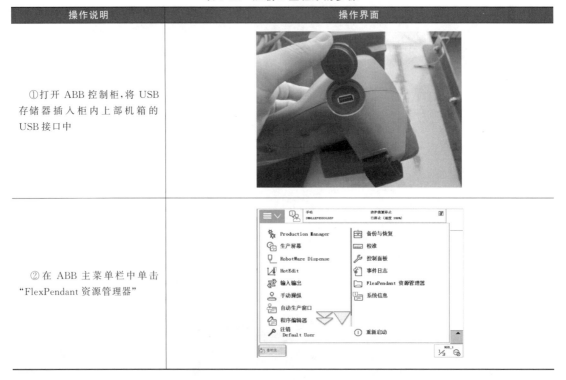
②在 ABB 主菜单栏中单击"FlexPendant 资源管理器"	

続表

操作说明	操作界面
③在弹出的画面中与台式机操作相同,把 USB 存储器中的含有程序的文件夹复制到 ABB 控制柜内部的存储器中	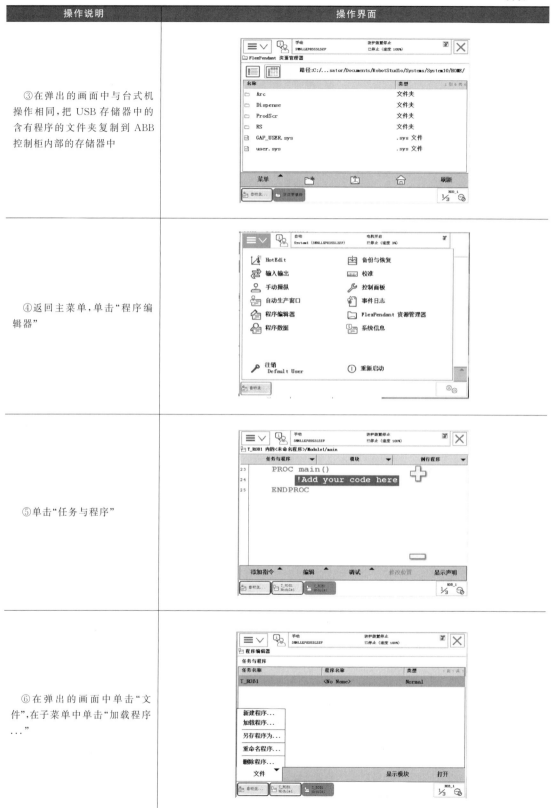
④返回主菜单,单击"程序编辑器"	
⑤单击"任务与程序"	
⑥在弹出的画面中单击"文件",在子菜单中单击"加载程序…"	

第5章 ABB工业机器人的操作

操作说明	操作界面
⑦然后单击"不保存"	
⑧在弹出的画面中找到含有新程序的文件夹,选中 pgf 文件,单击"确定"	
⑨等待几秒后程序加载完成	

（3）导入 EIO 文件（表 5-13）

表 5-13　导入 EIO 文件

步骤	操作	图示
1	单击左上角主菜单按钮	
2	选择"控制面板"	

步骤	操作	图示
3	选择"配置"	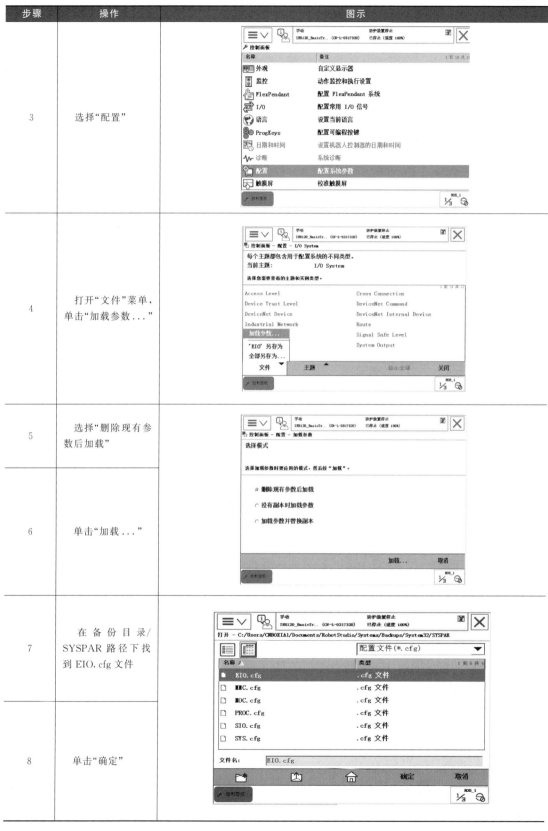
4	打开"文件"菜单，单击"加载参数…"	
5	选择"删除现有参数后加载"	
6	单击"加载…"	
7	在备份目录/SYSPAR路径下找到EIO.cfg文件	
8	单击"确定"	

第5章 ABB工业机器人的操作

175

步骤	操作	图示
9	单击"是",重启后完成导入	

5.2 工业机器人的手动操作方式

5.2.1 单轴移动机器人

ABB 六轴工业机器人各轴示意图如图 5-16 所示。ABB 机器人是由六个转轴组成六杆开链机构，理论上可达到运动范围内空间任何一个点；每轴均由 AC 伺服电机驱动，每一个电机后均有编码器；每个轴均带有一个齿轮箱，机械手运动精度可达 ±0.05mm～±0.2mm；设备带有 24V DC，机器人均带有平衡气缸和弹簧；均带有手动松闸按钮，维修时使用；串口测量板（SMB）带有六节可充电的镍铬电池，起保存数据作用。

在手动操作模式下，选择不同的运动轴就可以手动操纵机器人运动。示教器上的摇杆具有三个自由度，因此可以控制三个轴的运动。当选择"轴 1～3"，在按下示教器的使能器给机器人上电后，拨动摇杆即可操纵机器人 1、2 和 3 轴；选择"轴 4～6"可操纵机器人 4、5 和 6 轴。机器人动作的速度与摇杆的偏转量成正比，偏转量越大，机器人运动速度

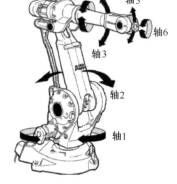

图 5-16 ABB 六轴工业机器人的轴

越高，最高速度为 250mm/s。除在以下三种情况下不能操纵机器人外，无论何种窗口打开，都可以用摇杆操纵机器人。

① 自动模式下；
② 未按下使能器（MOTORS OFF）时；
③ 程序正在执行时。

如果机器人或外部轴不同步，则只能同时驱动一个单轴，且各轴的工作范围无法检测，在到达机械停止位时机器人停止运动。因此，若发生不同步的状况，需要对机器人各电机进

行校正。

手动操作机器人运动共有三种操作模式：单轴运动、线性运动和重定位运动。

（1）ABB 机器人的关节轴

关节坐标系下操纵机器人就是选择单轴运动模式操纵机器人。ABB 机器人是由六个伺服电动机驱动六个关节轴（见图 5-16），可通过示教器上的操纵杆（摇杆）来控制每个轴的运动方向和运动速度。具体操作步骤如表 5-14 所示。

表 5-14　单轴操纵机器人的步骤

操作说明	操作界面
①将控制柜上的机器人状态钥匙切换到中间的手动限速状态，在状态栏中确认机器人状态已切换为手动	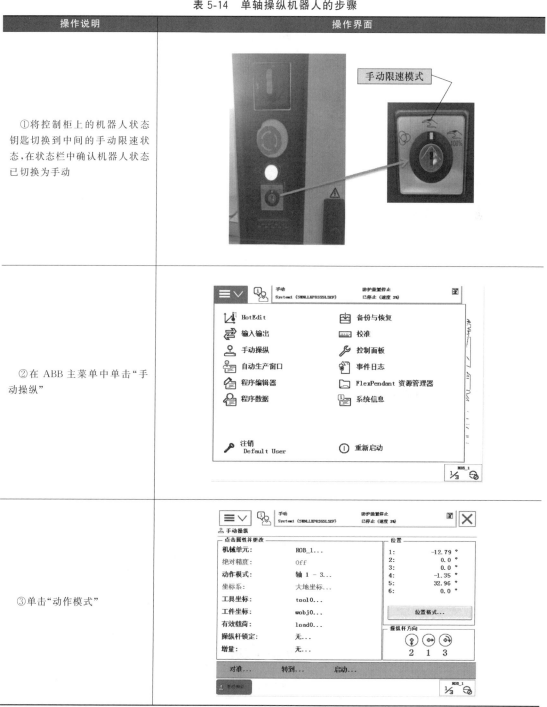
②在 ABB 主菜单中单击"手动操纵"	
③单击"动作模式"	

操作说明	操作界面
④选择"轴1-3"(或"轴4-6"),然后单击"确定"	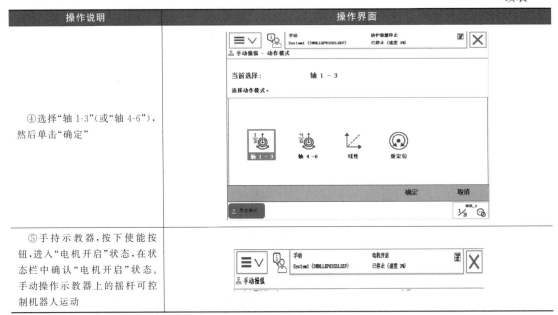
⑤手持示教器,按下使能按钮,进入"电机开启"状态,在状态栏中确认"电机开启"状态。手动操作示教器上的摇杆可控制机器人运动	

操纵杆的操纵幅度和机器人的运动速度相关,操纵幅度越小,机器人运动速度越慢;操纵幅度越大,机器人运动速度越快。为了安全起见,在手动模式下,机器人的移动速度要小于250mm/s。操作人员应面向机器人站立,机器人的移动方向如表5-15所示。

表5-15 操纵杆的操作说明

序号	摇杆操作方向	机器人移动方向
1	操作方向为操作者前后方向	沿 X 轴运动
2	操作方向为操作者左右方向	沿 Y 轴运动
3	操作方向为操纵杆正反旋转方向	沿 Z 轴运动
4	操作方向为操纵杆倾斜方向	沿与摇杆倾斜方向相应的倾斜方向移动

(2)线性模式移动机器人

直角坐标系下手动操纵机器人即选择线性运动模式操纵机器人。线性运动是指安装在机器人第六轴法兰盘上工具的TCP点在空间中做线性运动。这种运动模式的特点是不改变机器人第六轴加载工具的姿态,从一目标点直线运动至另一目标点。在手动线性运动模式下控制机器人运动的操作步骤如表5-16所示。

表5-16 线性运动模式操纵机器人的步骤

操作说明	操作界面
①将控制柜上的机器人状态钥匙切换到中间的手动限速状态,在状态栏中确认机器人状态已切换为手动	

操作说明	操作界面
②在 ABB 主菜单中单击"手动操纵"	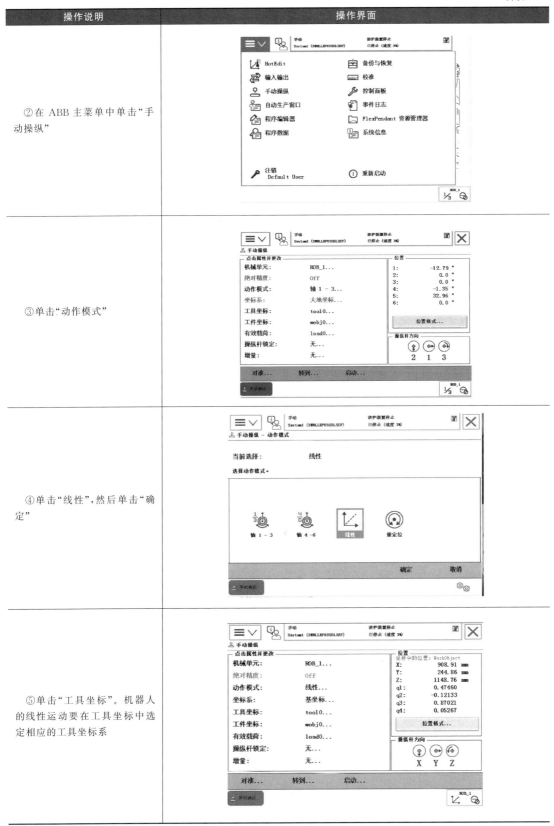
③单击"动作模式"	
④单击"线性",然后单击"确定"	
⑤单击"工具坐标"。机器人的线性运动要在工具坐标中选定相应的工具坐标系	

操作说明	操作界面
⑥在"工件名称"中选择相应的工具坐标系,单击"确定"	
⑦手持示教器,按下使能按钮,进入"电机开启"状态,在状态栏中确认"电机开启"状态。手动操作摇杆可控制机器人运动。此处显示轴 X、Y、Z 的操作杆方向,箭头代表正方向。操作示教器上的操纵杆,工具的 TCP 点在空间做线性运动	

5.2.2　重定位模式移动机器人

工具坐标系下手动操纵机器人即在重定位运动模式下操纵机器人。机器人的重定位运动是指机器人第六轴法兰盘上的工具 TCP 点在空间中绕着坐标轴旋转的运动,也可以理解为机器人绕着工具 TCP 点做姿态调整的运动。具体操作步骤如表 5-17 所示。

表 5-17　重定位运动模式操纵机器人的步骤

操作说明	操作界面
①将控制柜上的机器人状态钥匙切换到中间的手动限速状态,在状态栏中确认机器人状态已切换为手动	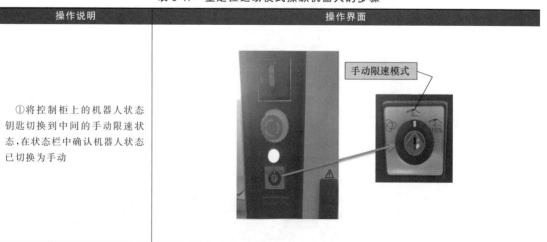

操作说明	操作界面
②在 ABB 主菜单中单击"手动操纵"	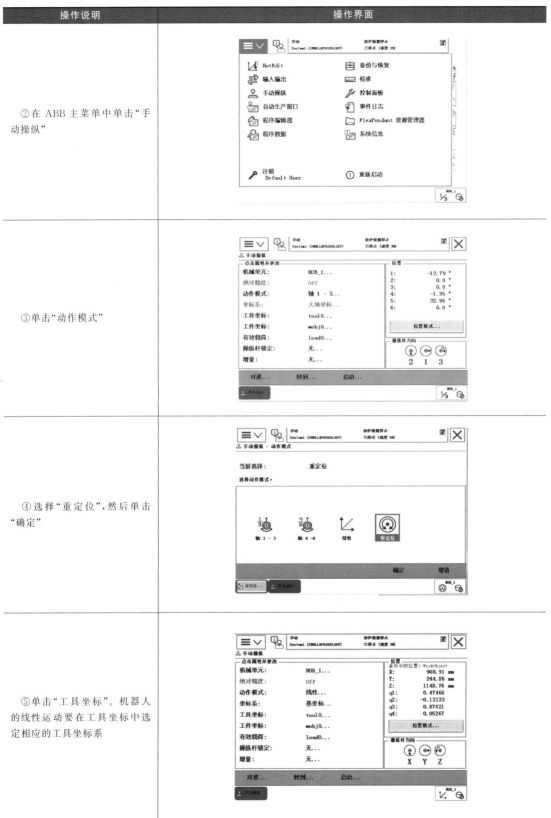
③单击"动作模式"	
④选择"重定位",然后单击"确定"	
⑤单击"工具坐标"。机器人的线性运动要在工具坐标中选定相应的工具坐标系	

操作说明	操作界面
⑥在"工件名称"中选择相应的工具坐标系,单击"确定"	
⑦手持示教器,按下使能按钮,进入"电机开启"状态,在状态栏中确认"电机开启"状态。手动操作摇杆可控制机器人运动。此处显示轴 X、Y、Z 的操作杆方向,箭头代表正方向。操作示教器上的操纵杆,机器人绕着工具 TCP 点做姿态调整运动	

5.2.3 增量模式控制机器人运动

如果对使用操纵杆通过位移幅度来控制机器人运动的速度不熟练的话,那么可以使用增量模式来控制机器人的运动。在增量模式下,操纵杆每位移一次机器人就移动一步。如果操纵杆持续一秒或数秒后,机器人就会持续移动,移动速率为 10 步/s。

增量模式控制机器人运动的操作步骤如表 5-18 所示。

表 5-18 增量模式控制机器人运动的步骤

操作说明	操作界面
①"手动操纵"界面中,选中"增量"	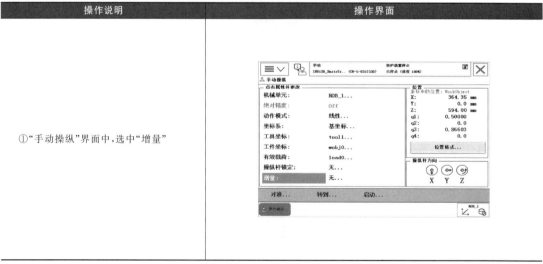

操作说明	操作界面
②根据需要选择增量的移动距离,然后单击"确定" 	增量	移动距离 Mm	角度 °
---	---	---
小	0.05	0.005
中	1	0.02
大	5	0.2
用户	自定义	自定义		

5.2.4 手动操纵的快捷方式

(1) 手动操纵的快捷按钮

在示教器面板上设置有手动操纵的快捷键,具体布局及功能如图 5-17 所示。

(2) 手动操纵的快捷菜单

快捷菜单提供较操作窗口更加快捷的操作按键,可用于选择机器人的运动模式、坐标系等,是"手动操纵"的快捷操作界面,每项菜单使用一个图标显示当前的运行模式或设定值。快捷菜单如图 5-17 所示,各选项含义见表 5-4。具体操作步骤及界面说明如表 5-19 所示。

机器人/外部轴的切换
线性运动/重定位模式切换
关节运动轴1~3轴/4~6轴的切换
增量开关

图 5-17 快捷键及说明

表 5-19 快捷键操作步骤

操作说明	操作界面
①单击快捷菜单按钮	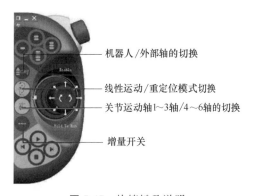

操作说明	操作界面
②单击"手动操纵"按钮,单击"显示详情"菜单	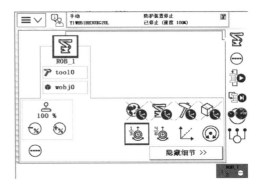
③界面说明 A:选择当前使用工具数据 B:选择当前使用的工件坐标 C:操纵杆速率 D:增量开关 E:碰撞监控开关 F:坐标系选择 G:运动模式选择	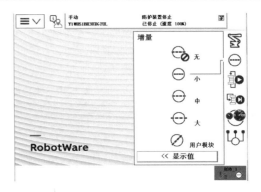
③单击"增量"按钮,选择需要的增量	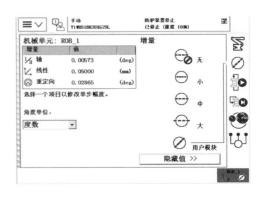
④自定义增量值的方法:选择"用户模块",然后单击"显示值"就可以进行增量值的自定义了	

5.3 程序数据的设置

5.3.1 程序数据的类型

程序数据是在程序模块或系统模块中设定的值和定义的一些环境数据。在机器人的编程中，为了简化指令语句，需要在语句中调用相关程序数据。这些程序数据都是按照不同功能分类并编辑好后存储在系统内的，因此我们要根据实际需要提前创建好不同类型的程序数据以备调用。创建的程序数据通过同一个模块或其他模块中的指令进行引用。例如图 5-18 是一条常用的机器人直线运动的指令 MoveL，调用了四个程序数据。指令中的指令说明见表 5-20。

表 5-20　指令说明

程序数据	数据类型	说明
p1	robtarget	机器人运动目标位置数据
v1000	speeddata	机器人运动速度数据
z50	zonedata	机器人运动转弯数据
tool0	tooldata	机器人工作数据 TCP

ABB 机器人的程序数据共有 100 个左右，程序数据可以根据实际情况进行创建，为 ABB 机器人的程序设计提供了良好的数据支持。

数据类型可以利用示教器主菜单中的"程序数据"窗口进行查看，也可以在该目录下进行创建所需要的程序数据，程序数据界面如图 5-19 所示。

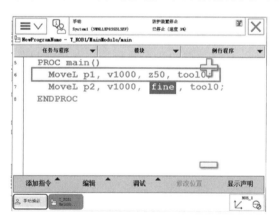

图 5-18　程序指令

图 5-19　程序数据界面

按照存储类型，程序数据主要包括变量 VAR、可变量 PERS、常量 CONST 三种类型。

（1）变量 VAR

变量型数据在程序执行的过程中和停止时，会保持当前的值。但如果程序指针被移到主程序后，当前数值会丢失。以图 5-20 中变量型数据为例。

其中 VAR 表示存储类型为变量，num 表示程序数据类型。在定义数据时，可以定义变量数据的初始值，如 length 的初始值为 0，name 的初始值为 Rose，flag 的初始值为 FALSE。在程序中执行变量型数据的赋值，在指针复位后将恢复为初始值。

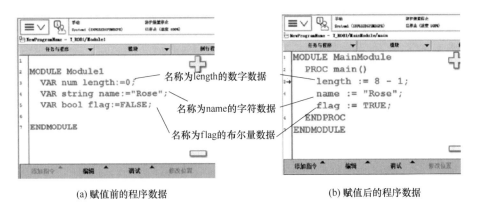

(a) 赋值前的程序数据　　　　　　　　(b) 赋值后的程序数据

图 5-20　程序数据赋值前后对比

（2）可变量 PERS

可变量最大的特点是，无论程序的指针如何，都会保持最后赋予的值。可变量程序数据的赋值如图 5-21 所示。

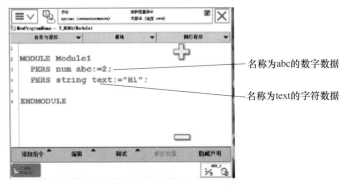

图 5-21　可变量程序数据的赋值

在机器人执行的 RAPID 程序中也可以对可变量存储类型的程序数据进行赋值的操作，PERS 表示存储类型为可变量。特别注意的是，在程序执行完成以后，赋值的结果会一直保持不变，直到对其进行重新赋值。

（3）常量 CONST

常量的特点是在定义时已赋予了数值，不允许在程序编辑中进行修改，需要修改时应手动修改。常量程序数据的赋值如图 5-22 所示。

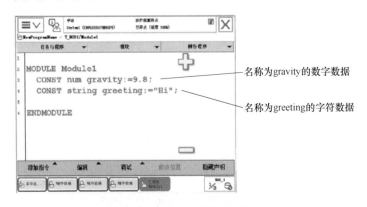

图 5-22　常量程序数据的赋值

5.3.2 常用程序数据说明举例

(1) 数值数据 num

num 用于存储数值数据，可分为整数（如图 5-23 所示）、小数，也可以以指数的形式写入。例如，2E3（$=2\times10^3=2000$），2.5E-2（$=0.025$）。

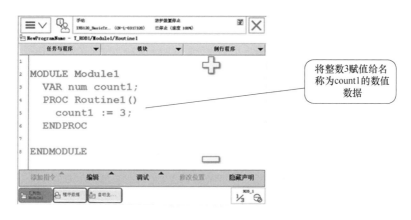

图 5-23 数值数据

(2) 逻辑值数据 bool

bool 用于存储逻辑值（真/假）数据，即 bool 型数据值可以为 TRUE 或 FALSE。如图 5-24 所示。

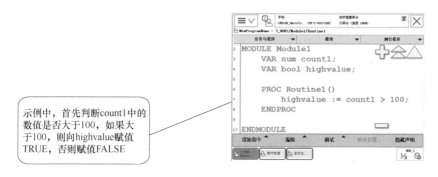

图 5-24 逻辑值数据

(3) 字符串数据 string

string 用于存储字符串数据。

字符串是由一串前后附有引号（""）的字符（最多 80 个）组成，例如，"This is a character string"。如果字符串中包括反斜线（\），则必须写两个反斜线符号，例如，"This string contains a \ character"。如图 5-25 所示。

(4) 位置数据 robtarget

robtarget（robot target）用于存储机器人和附加轴的位置数据。位置数据的内容是在运动指令中机器人和外轴将要移动到的位置。robtarget 由 4 个部分组成，如表 5-21 所示。

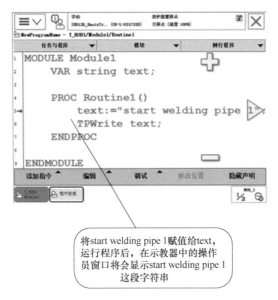

将start welding pipe 1赋值给text，运行程序后，在示教器中的操作员窗口将会显示start welding pipe 1这段字符串

图 5-25　字符串数据

表 5-21　位置数据 robtarget

组件	说明
trans	①translation ②数据类型：pos ③工具中心点的所在位置（x、y 和 z），单位为 mm ④存储当前工具中心点在当前工件坐标系的位置。如果未指定任何工件坐标系，则当前工件坐标系为大地坐标系
rot	①rotation ②数据类型：orient ③工具姿态，以四元数的形式表示（q1、q2、q3 和 q4） ④存储相对于当前工件坐标系方向的工具姿态。如果未指定任何工件坐标系，则当前工件坐标系为大地坐标系
robconf	①robot configuration ②数据类型：confdata ③工业机器人的轴配置（cf1、cf4、cf6 和 cfx）。以轴 1、轴 4 和轴 6 当前四分之一旋转的形式进行定义。将第一个正四分之一旋转 0°～90° 定义为 0° 组件 cfx 的含义取决于工业机器人的类型
extax	①external axes ②数据类型：extjoint ③附加轴的位置 ④对于旋转轴，其位置定义为从校准位置起旋转的度数 ⑤对于线性轴，其位置定义为与校准位置的距离（mm）

位置数据 robtarget 示例如下：

CONST　robtarget　p15:=[[600,500,225.3],[1,0,0,0],[1,1,0,0],[11,12.3,9E9,9E9,9E9,9E9]]。

位置 p15 定义如下：

① 工业机器人在工件坐标系中的位置：$x=600$mm、$v=500$mm、$z=225.3$mm。

② 工具的姿态与工件坐标系的方向一致。

③ 工业机器人的轴配置：轴 1 和轴 4 位于 90°～180°，轴 6 位于 0°～90°。

④ 附加逻辑轴 a 和 b 的位置以度或毫米表示（根据轴的类型）。

⑤ 未定义轴 c 到轴 f。

（5）关节位置数据 jointtarget

jointtarget 用于存储工业机器人和附加轴的每个单独轴的角度位置。通过 moveabsj 可以使工业机器人和附加轴运动到 jointtarget 关节位置处。jointtarget 由 2 个部分组成，见表 5-22。

表 5-22　关节位置数据 jointtarget

组件	说明
robax	①robot axes ②数据类型：robjoint ③工业机器人轴的轴位置，单位（°） ④将轴位置定义为各轴（臂）从轴校准位置沿正方向或反方向旋转的度数
extax	①external axes ②数据类型：extjont ③附加轴的位置 ④对于旋转轴，其位置定义为从校准位置起旋转的度数 ⑤对于线性轴，其位置定义为与校准位置的距离（mm）

关节位置数据 jointtarget 示例如下：

CONST jointtarget calib_pos：＝[[0,0,0,0,0,0],[0,9E9,9E9,9E9,,9E9,9E9,]]。

通过数据类型 jointtarget 在 calib_pos 存储了工业机器人的机械原点位置，同时定义外部轴 a 的原点位置 0（度或毫米），未定义外轴 b 到 f。

（6）速度数据 speeddata

speeddata 用于存储工业机器人和附加轴运动时的速度数据。速度数据定义了工具中心点移动时的速度、工具的重定位速度、线性或旋转外轴移动时的速度。speeddata 由 4 个部分组成，见表 5-23。

表 5-23　速度数据 speeddata

组件	说明
v_tcp	①velocity tcp ②数据类型：num ③工具中心点（TCP）的速度，单位 mm/s ④如果使用固定工具或协同的外轴，则是相对于工件的速率
v_ori	①external axes ②数据类型：num ③TCP 的重定位速度，单位（°）/s ④如果使用固定工具或协同的外轴，则是相对于工件的速率
v_leax	①velocity linear external axes ②数据类型：num ③线性外轴的速度，单位 mm/s
v_leax	①velocity rotational external axes ②数据类型：num ③旋转外轴的速率，单位（°）/s

速度数据 speeddata 示例如下：

VAR speeddata vmedium：＝[1000,30,200,15]。

使用以下速度，定义了速度数据 vmedium：

① TCP 速度为 1000mm/s。

② 工具的重定位速度为 30 (°)/s。

③ 线性外轴的速度为 200mm/s。

④ 旋转外轴速度为 15 (°)/s。

（7）转角区域数据 zonedata

zonedata 用于规定如何结束一个位置，也就是在朝下一个位置移动之前，工业机器人必须如何接近编程位置。

可以以停止点或飞越点的形式来终止一个位置。停止点意味着工业机器人和外轴必须在使用下一个指令来继续程序执行之前到达指定位置（静止不动）。飞越点意味着从未达到编程位置，而是在到达该位置之前改变运动方向。zonedata 由 7 个部分组成，见表 5-24。

表 5-24　转角区域数据 zonedata

组件	说明
finep	①fine point ②数据类型：bool ③规定运动是否以停止点（fine 点）或飞越点结束 　· TRUE：运动随停止点而结束，且程序执行将不再继续，直至工业机器人达到停止点。未使用区域数据中的其他组件数据 　· FALSE：运动随飞越点而结束，且程序执行在工业机器人到达区域之前继续进行大约 100ms
pzone_tcp	①path zoneTCP ②数据类型：num ③TCP 区域的尺寸（半径），单位 mm ④根据组件 pzone_ori、pzone_eax、zonc_ori、zone_leax、zone_reax 和编程运动，将扩展区域定义为区域的最小相对尺寸
pzone_ori	①path zone orientation ②数据类型：num ③有关工具重新定位的区域半径。将半径定义为 TCP 距编程点的距离，单位 mm ④数值必须大于 pzone_tcp 的对应值。如果低于，则数值自动增加，以使其与 pzone_tcp 相同
pzone_eax	①path zone external axes ②数据类型：num ③有关外轴的区域半径。将半径定义为 TCP 距编程点的距离，以 mm 计 ④数值必须大于 pzone_tcp 的对应值。如果低于，则数值自动增加，以使其与 pzone_tcp 相同
zone_ori	①zone orientation ②数据类型：num ③工具重定位的区域半径大小，单位（°） ④如果工业机器人正夹持着工件，则是指工件的旋转角度
zone_leax	①zone linear external axes ②数据类型：num ③线性外轴的区域半径大小，单位 mm
zone_reax	①zone rotational external axes ②数据类型：num ③旋转外轴的区域半径大小，单位（°）

转角区域数据 zonedata 示例如下：

VAR zonedata path＝[FALsE,25,40,40,10,35,5]。

通过以下数据，定义转角区域数据 path：

① TCP 路径的区域半径为 25mm。

② 工具重定位的区域半径为 40mm（TCP 运动）。

③ 外轴的区域半径为 40mm（TCP 运动）。

如果 TCP 静止不动，或存在大幅度重新定位，或存在有关该区域的外轴大幅度运动，则应用以下规定：

① 工具重定位的区域半径为 10°。

② 线性外轴的区域半径为 35mm。

③ 旋转外轴的区域半径为 5°。

5.3.3　程序数据的建立

在 ABB 机器人系统中可以通过直接在示教器中的程序数据画面中建立程序数据；也可以在建立程序指令时，同时自动生成对应的程序数据。

（1）建立 bool 类型程序数据

建立 bool 数据的操作步骤如表 5-25 所示。设定程序数据中的参数及说明见表 5-26。

表 5-25　bool 数据的建立

操作说明	操作界面
①在 ABB 主菜单栏中单击"程序数据"	
②选择数据类型"bool"，单击"显示数据"	
③单击"新建…"	

操作说明	操作界面
④进行名称的设定,单击下拉菜单选择对应的参数,设定完成后单击"确定"。数据参数及具体说明见表5-26	

表 5-26　设定程序数据中的参数及说明

设定参数	参数说明
名称	设定数据的名称
范围	设定数据可使用的范围
存储类型	设定数据的可存储类型
任务	设定数据所在的任务
模块	设定数据所在的模块
例行程序	设定数据所在的例行程序
维数	设定数据的维数
初始值	设定数据的初始值

（2）建立 num 类型程序数据（表5-27）

表 5-27　建立 num 类型程序数据

步骤	说明	图示
1	单击左上角主菜单按钮	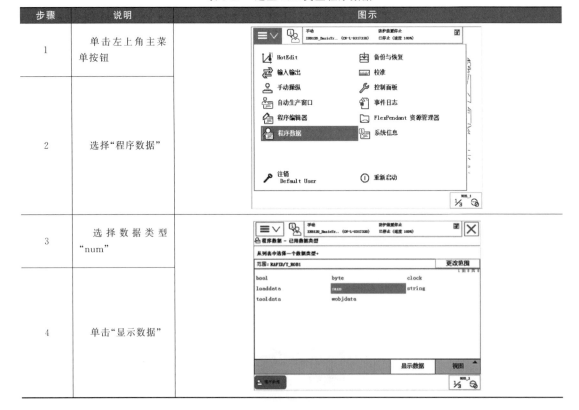
2	选择"程序数据"	
3	选择数据类型"num"	
4	单击"显示数据"	

步骤	说明	图示
5	单击"新建…"	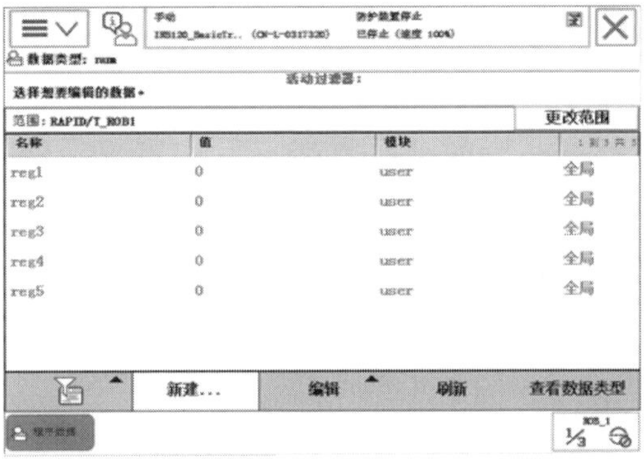
6	单击此按钮进行名称的设定	
7	单击下拉菜单选择对应的参数	
8	单击"确定"完成设定	

5.3.4 常用的程序数据

根据不同的数据用途，可定义不同类型的程序数据。系统中还有针对一些特殊功能的程序数据，在对应的功能说明书中会有相应的详细介绍，详情可查看随机光盘电子版说明书，也可根据需要新建程序数据类型。常用的程序数据如表 5-28 所示。

表 5-28　常用的程序数据

程序数据	说明	程序数据	说明
bool	布尔量	byte	整数数据 $0\sim255$
num	数值数据	pose	坐标转换
clock	计时数据	robjoint	机器人轴角度数据
dionum	数字输入/输出信号	robtarget	机器人与外轴的位置数据
intnum	中断标志符	speeddata	机器人与外轴的速度数据
extjoint	外轴位置数据	string	字符串
jointtarget	关节位置数据	tooldata	工具数据
orient	姿态数据	trapdata	中断数据
mecunit	机械装置数据	wobjdata	工件数据
pos	位置数据(只有 X、Y 和 Z)	zonedata	TCP 转弯半径数据
loaddata	负荷数据		

第 5 章　ABB 工业机器人的操作

193

5.4.1 认识工业机器人坐标系

工业机器人在生产中，一般需要配备除了自身性能特点要求作业外的外围设备，如转动工件的回转台、移动工件的移动台等。这些外围设备的运动和位置控制都需要与工业机器人相配合并要求相应的精度。通常机器人运动轴按其功能可划分为机器人轴、基座轴和工装轴，基座轴和工装轴统称外部轴，如图 5-26 所示。

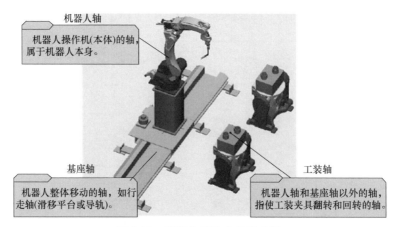

图 5-26 机器人系统中各运动轴

工业机器人轴是指操作本体的轴，属于机器人本身，目前商用的工业机器人大多以 8 轴为主。基座轴是机器人移动轴的总称，主要指行走轴（滑移平台或导轨）。工装轴是除机器人轴、基座轴以外轴的总称，指使工件、工装夹具翻转和回转的轴，如回转台、翻转台等。实际生产中常用的是 6 关节工业机器人，6 轴关节机器人操作机有 6 个可活动的关节（轴）。表 5-29 与图 5-27 为常见工业机器人本体运动轴的定义，不同的工业机器人本体运动轴的定义是不同的，KUKA 机器人 6 轴分别定义为 A1、A2、A3、A4、A5 和 A6；ABB 工业机器人则定义为轴 1、轴 2、轴 3、轴 4、轴 5 和轴 6。其中 A1、A2 和 A3 轴（轴 1、轴 2 和轴 3）称为基本轴或主轴，用于保证末端执行器达到工作空间的任意位置；A4、A5 和 A6 轴（轴 4、轴 5 和轴 6）称为腕部轴或次轴，用于实现末端执行器的任意空间姿态；图 5-28 是 YASKAWA 工业机器人各运动轴的关系。

表 5-29 常见工业机器人本体运动轴的定义

轴类型	轴名称				动作说明
	ABB	FANUC	YASKAWA	KUKA	
主轴 （基本轴）	轴 1	J1	S 轴	A1	本体回旋
	轴 2	J2	L 轴	A2	大臂运动
	轴 3	J3	U 轴	A3	小臂运动
次轴 （腕部运动）	轴 4	J4	R 轴	A4	手腕旋转运动
	轴 5	J5	B 轴	A5	手腕上下摆运动
	轴 6	J6	T 轴	A6	手腕圆周运动

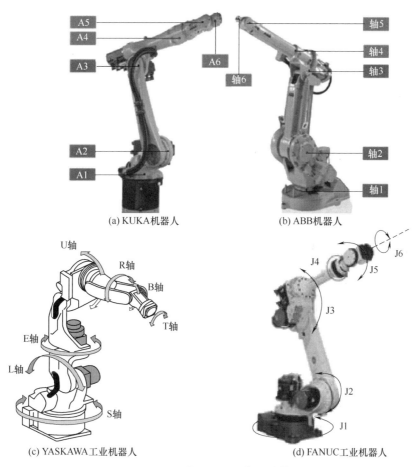

(a) KUKA机器人   (b) ABB机器人

(c) YASKAWA工业机器人   (d) FANUC工业机器人

图 5-27 典型机器人各运动轴

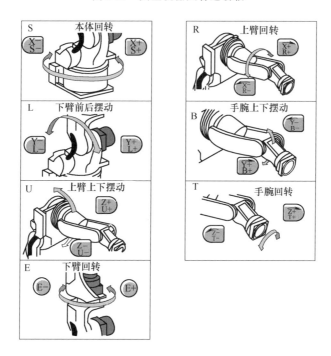

图 5-28 YASKAWA 工业机器人各运动轴的关系

5.4.2 机器人坐标系的确定

（1）机器人坐标系的确定原则

机器人程序中所有点的位置都是和一个坐标系相联系的，同时，这个坐标系也可能和另外一个坐标系有联系。

机器人的各种坐标系都由正交的右手定则来决定，如图 5-29 所示。当围绕平行于 X、Y、Z 轴线的各轴旋转时，分别定义为 A、B、C。A、B、C 的正方向分别以 X、Y、Z 的正方向上右手螺旋前进的方向为正方向（如图 5-30 所示）。

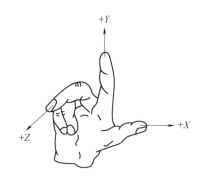

图 5-29　右手坐标系

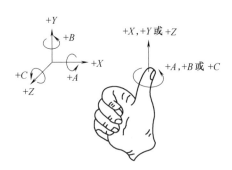

图 5-30　旋转坐标系

（2）常用坐标系的确定

常用的坐标系是绝对坐标系、机座坐标系、机械接口坐标系和工具坐标系，如图 5-31 所示。

1）绝对坐标系

绝对坐标系是与机器人的运动无关，以地球为参照系的固定坐标系。其符号：$O_0 - X_0 - Y_0 - Z_0$。

① 原点 O_0。

绝对坐标系的原点 O_0 是由用户根据需要来确定的。

② $+Z_0$ 轴。

$+Z_0$ 轴与重力加速度的矢量共线，但其方向相反。

③ $+X_0$ 轴。

$+X_0$ 轴是根据用户的使用要求来确定的。

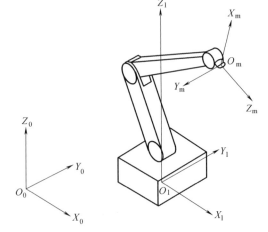

图 5-31　坐标系示例

2）机座坐标系

机座坐标系是以机器人机座安装平面为参照系的坐标系。其符号：$O_1 - X_1 - Y_1 - Z_1$。

① 原点 O_1。

机座坐标系的原点由机器人制造厂规定。

② $+Z_1$ 轴。

$+Z_1$ 轴垂直于机器人机座安装面，指向机器人机体。

③ X_1 轴。

X_1 轴的方向是原点、指向机器人工作空间中心点 C_w（见 GB/T 12644—2001）在机座安装面上的投影（见图 5-32）。当机器人的构造不能实现此约定时，X_1 轴的方向可由制造厂规定。

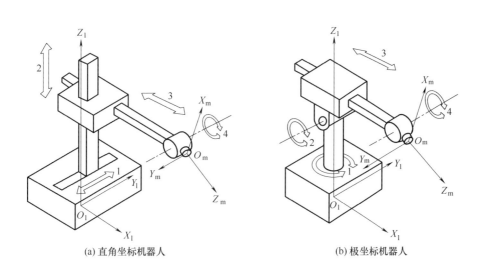

(a) 直角坐标机器人   (b) 极坐标机器人

图 5-32　机座坐标系

3）机械接口坐标系

如图 5-33 所示，机械接口坐标系是以机械接口为参照系的坐标系。其符号：O_m—X_m—Y_m—Z_m。

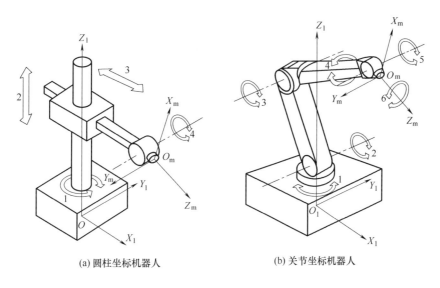

(a) 圆柱坐标机器人   (b) 关节坐标机器人

图 5-33

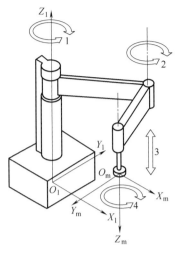

(b) SCARA机器人

图 5-33　机械接口坐标系

① 原点 O_m。

机械接口坐标系的原点 O_m 是机械接口的中心。

② $+Z_m$ 轴。

$+Z_m$ 轴的方向，垂直于机械接口中心，并由此指向末端执行器。

③ $+X_m$ 轴。

$+X_m$ 轴是由机械接口平面和 X_1、Z_1 平面（或平行于 X_1、Z_1 的平面）的交线来定义的。同时机器人的主、副关节轴处于运动范围的中间位置。当机器人的构造不能实现此约定时，应由制造厂规定主关节轴的位置。$+X_m$ 轴的指向是远离 Z_1 轴。

4）工具坐标系

工具坐标系是以安装在机械接口上的末端执行器为参照系的坐标系。其符号：O_t—X_t—Y_t—Z_t。

① 原点 O_t。

原点 O_t 是工具中心点（TCP），见图 5-34。

② $+Z_t$ 轴。

$+Z_t$ 轴与工具有关，通常是工具的指向。

③ $+Y_t$ 轴。

在平板式夹爪型夹持器夹持时，$+Y_t$ 指向手指运动的方向。

5.4.3　工业机器人常用坐标系

（1）基坐标系（Base Coordinate System）

基坐标系，又称为机座坐标系，位于机器人基座。如图 5-32 与图 5-35 所示，它是最便于机器人从一个位置移动到另一个位置的坐标系。基坐标系在机器人基座中有相应的零点，这使固定安装的机器人的移动具

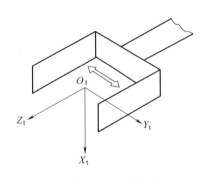

图 5-34　工具坐标系

有可预测性。因此它对于将机器人从一个位置移动到另一个位置很有帮助。在正常配置的机器人系统中，当人站在机器人的前方并在基坐标系中微动控制，将控制杆拉向自己一方时，机器人将沿 X 轴移动；向两侧移动控制杆时，机器人将沿 Y 轴移动。扭动控制杆时，机器人将沿 Z 轴移动。

（2）世界坐标系 (World Coordinate System)

世界坐标系又称为大地坐标系或绝对坐标系。如果机器人安装在地面，在基坐标系下示教编程很容易。然而，当机器人吊装时，机器人末端移动直观性差，因而示教编程较为困难。另外，如果两台或更多台机器人共同协作完成

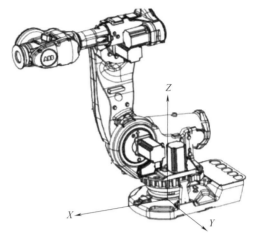

图 5-35　机器人的基坐标系

一项任务时，例如，一台安装于地面，另一台倒置，倒置机器人的基坐标系也将上下颠倒。如果分别在两台机器人的基坐标系中进行运动控制，则很难预测相互协作运动的情况。在此情况下，可以定义一个世界坐标系，选择共同的世界坐标系取而代之。若无特殊说明，单台机器人世界坐标系和基坐标系是重合的。如图 5-31 与图 5-36 所示，当在工作空间内同时有几台机器人时，使用公共的世界坐标系进行编程有利于机器人程序间的交互。

（3）用户坐标系 (User Coordinate System)

机器人可以和不同的工作台或夹具配合工作，在每个工作台上建立一个用户坐标系。机器人大部分采用示教编程的方式，步骤烦琐，对于相同的工件，如果放置在不同的工作台上，在一个工作台上完成工件加工示教编程后，如果用户的工作台发生变化，不必重新编程，只需相应地变换到当

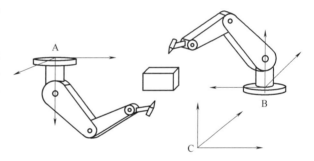

图 5-36　世界坐标系
A—基坐标系；B—基坐标系；C—世界坐标系

前的用户坐标系下。用户坐标系是在基坐标系或者世界坐标系下建立的。如图 5-37 所示，用两个用户坐标系来表示不同的工作平台。

（4）工件坐标系 (Object Coordinate System)

工件坐标系与工件相关，通常是最适于对机器人进行编程的坐标系。

工件坐标系对应工件：它定义工件相对于大地坐标系（或其他坐标系）的位置，如图 5-38 所示。

工件坐标系是拥有特定附加属性的坐标系。它主要用于简化编程，工件坐标系拥有两个框架：用户框架（与大地基座相关）和工件框架（与用户框架相关）。机器人可以拥有若干工件坐标系，或者表示不同工件，或者表示同一工件在不同位置的若干副本。对机器人进行编程时就是在工件坐标系中创建目标和路径。这带来很多优点：重新定位工作站中的工件时，只需更改工件坐标系的位置，所有路径将即刻随之更新。允许操作以外轴或传送导轨移动的工件，因为整个工件可连同其路径一起移动。

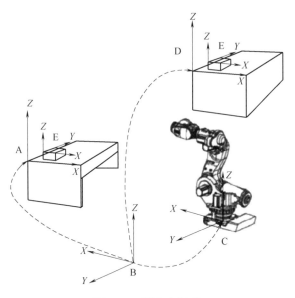

图 5-37 用户坐标系

A—用户坐标系；B—大地坐标系；C—基坐标系；D—移动用户坐标系；E—工件坐标系

（5）置换坐标系 （Displacement Coordinate System)

置换坐标系又称为位移坐标系，有时需要对同一个工件、同一段轨迹在不同的工位上加工，为了避免每次重新编程，可以定义一个置换坐标系。置换坐标系是基于工件坐标系定义的。如图 5-39 所示，当置换坐标系被激活后，程序中的所有点都将被置换。

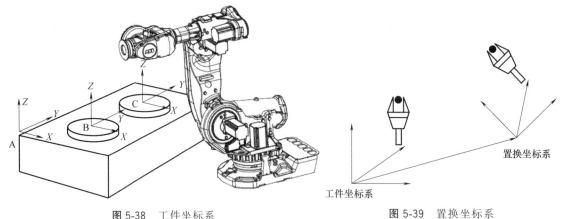

图 5-38　工件坐标系

A—大地坐标系；B—工件坐标系 1；C—工件坐标系 2

图 5-39　置换坐标系

（6）腕坐标系 （Wrist Coordinate System)

腕坐标系和工具坐标系都是用来定义工具的方向的。在简单的应用中，腕坐标系可以定义为工具坐标系，腕坐标系和工具坐标系重合。腕坐标系的 Z 轴和机器人的第 6 根轴重合，如图 5-40 所

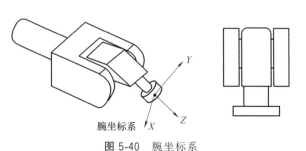

图 5-40　腕坐标系

示，坐标系的原点位于末端法兰盘的中心，X 轴的方向与法兰盘上标识孔的方向相同或相反，Z 轴垂直向外，Y 轴符合右手法则。

（7）**工具坐标系**（Tool Coordinate System）

安装在末端法兰盘上的工具需要在其中心点（TCP）定义一个工具坐标系，通过坐标系的转换，可以使机器人在工具坐标系下运动，以方便操作。如果工具磨损或更换，只需重新定义工具坐标系，而不用更改程序。工具坐标系建立在腕坐标系下，即两者之间的相对位置和姿态是确定的。图 5-36 与图 5-41 表示不同工具的工具坐标系的定义。

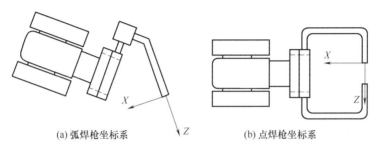

(a) 弧焊枪坐标系　　　　　　(b) 点焊枪坐标系

图 5-41　工具坐标系

（8）**关节坐标系**（Joint Coordinate System）

关节坐标系用来描述机器人每个独立关节的运动，如图 5-42 所示。所有关节类型可能不同（如移动关节、转动关节等）。假设将机器人末端移动到期望的位置，如果在关节坐标系下操作，可以依次驱动各关节运动，从而引导机器人末端到达指定的位置。

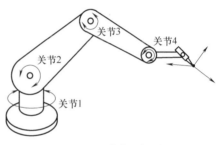

图 5-42　关节坐标系

5.4.4　机器人坐标系的设置及选择

在手动模式下操控机器人时，我们可以通过示教器来选择相应的坐标系，具体操作步骤如表 5-30 所示。

表 5-30　坐标系选取的步骤

操作说明	操作界面
①将控制柜上的机器人状态钥匙切换到中间的手动限速状态，在状态栏中确认机器人状态已切换为手动	

操作说明	操作界面
②在 ABB 主菜单栏中单击"手动操纵"	
③在手动操纵界面下，单击"坐标系"	
④单击需要设定的坐标系，单击"确定"	
⑤工具坐标系和工件坐标系的选择可参照上述步骤操作	

5.4.5　工具坐标系 tooldata 的设定

工具坐标系的工具数据 tooldata 用于描述安装在机器人第六轴上的工具 TCP、重量、重心等参数数据。所有机器人在手腕处都有一个预定义工具坐标系（tool0），默认工具（tool0）的工具中心点位于机器人安装末端执行器法兰盘的中心，与机器人基座方向一致。创建新工具时，tooldata 工具类型变量将随之创建。该变量名称将成为工具的名称。新工具具有质量、框架、方向等初始默认值，这些值在工具使用前必须进行定义。

标定工具坐标系，需要标定特殊空间点，空间点的个数从三点直到九点，标定的点数越多，TCP 的设定越准确，相应的操作难度越大。标定工具坐标系时，首先在机器人工作范围内找一个精确的固定点做参考点；然后在工具上确定一个参考点即 TCP 点（最好是工具中心点），例如在焊接机器人中，常定义焊丝端头为焊枪工具的 TCP 点；用手动操纵机器人的方法，移动工具上的 TCP 点通过 N 种不同姿态同固定点相碰，得出多组解，通过计算得出当前 TCP 与机器人手腕中心点（tool0）的相应位置，坐标系方向与 tool0 一致。可以采用三点法标定 TCP 点。一般为了获得更精确的 TCP，我们常使用六点法进行操作，第四点是用工具的参考点垂直于固定点，第五点是工具参考点从固定点向将要设定为 TCP 的 X 方向移动，第六点是工具参考点从固定点向将要设定为 TCP 的 Z 方向移动。六点法标定工具坐标系的操作步骤见表 5-31。

表 5-31　六点法标定工具坐标系

操作说明	操作界面
①将控制柜上的机器人状态钥匙切换到中间的手动限速状态,在状态栏中确认机器人状态已切换为手动	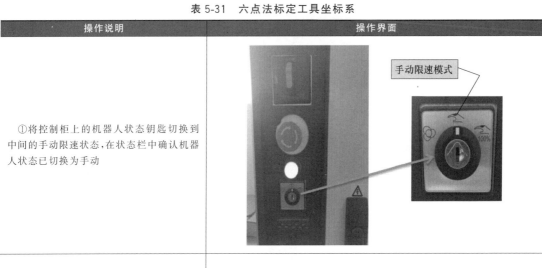
②在 ABB 主菜单中单击"手动操纵"	

第5章　ABB工业机器人的操作

操作说明	操作界面
③单击"工具坐标"	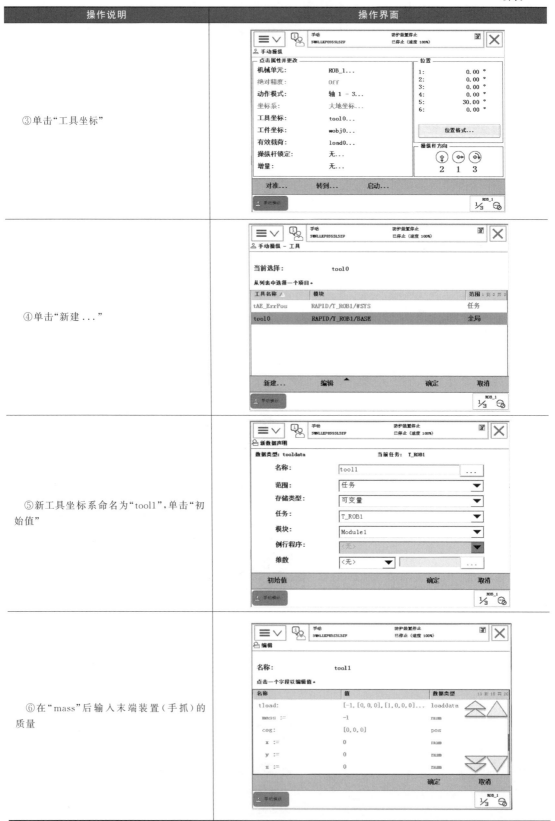
④单击"新建..."	
⑤新工具坐标系命名为"tool1",单击"初始值"	
⑥在"mass"后输入末端装置(手抓)的质量	

工业机器人操作与运维自学·考证·上岗一本通(初级)

操作说明	操作界面
⑦在"cog"目录下输入焊枪相对于法兰盘的位置偏移量。单击"确定"	
⑧单击"确定"	
⑨选中"tool1",单击"编辑",单击"定义…"	
⑩在"方法"下拉菜单中选择"TCP 和 Z,X"	

第5章 ABB工业机器人的操作

操作说明	操作界面
⑪手动操纵机器人,使焊枪以一种常见姿态无限接近一空间点(图中为瓶子的顶端点)	
⑫在示教器中选中"点1",单击"修改位置",记录下该空间点	
⑬同理,改变焊枪姿态,手动操纵机器人TCP点无限接近设定的空间点后,分别记录下点2和点3。注意,在三个记录点上焊枪姿态相差越大,设定的工具坐标系越精准	
⑭手动操纵机器人使TCP点垂直并无限接近于设定的空间点,记录下第4点	

操作说明	操作界面
⑮手动操纵机器人 TCP 点从第四点沿设定的 X 方向移动一段距离后,记录为第5 点	
⑯手动操纵机器人 TCP 点重新回到记录的第 4 点,然后操纵 TCP 点沿设定的 Z 方向移动一定距离,记录为第 6 点	
⑰六点全部记录后,在示教器窗口中,单击"确定"。工具坐标系 tool1 设定完成	

5.4.6 工件坐标系 wobjdata 的设定(表 5-32)

表 5-32 工件坐标系的设置步骤

操作说明	操作界面
①将控制柜上的机器人状态钥匙切换到中间的手动限速状态,在状态栏中确认机器人状态已切换为手动	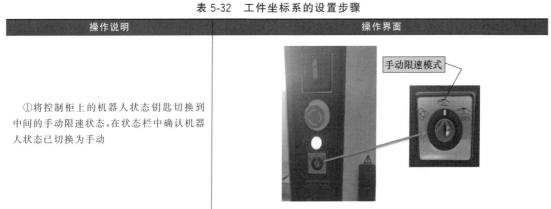

操作说明	操作界面
②在 ABB 主菜单中单击"手动操纵"	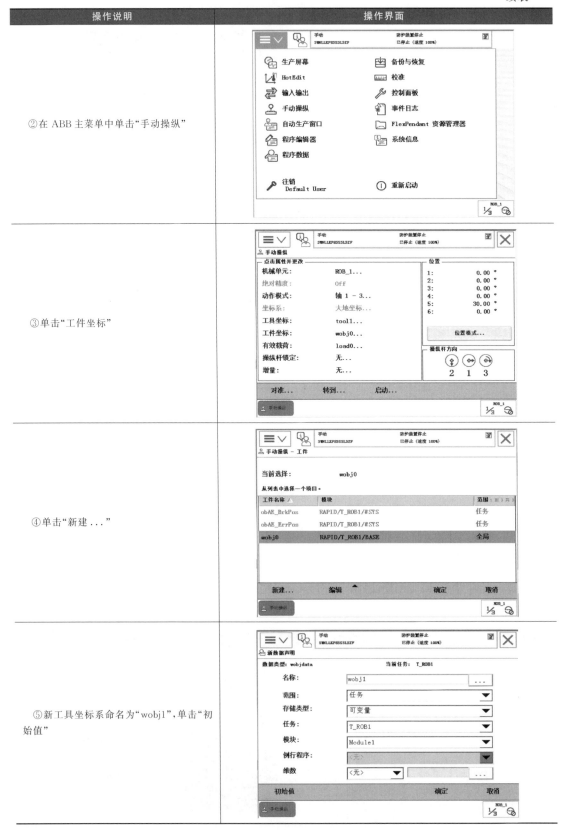
③单击"工件坐标"	
④单击"新建..."	
⑤新工具坐标系命名为"wobj1",单击"初始值"	

操作说明	操作界面
⑥设置好相应属性后,单击"确定"	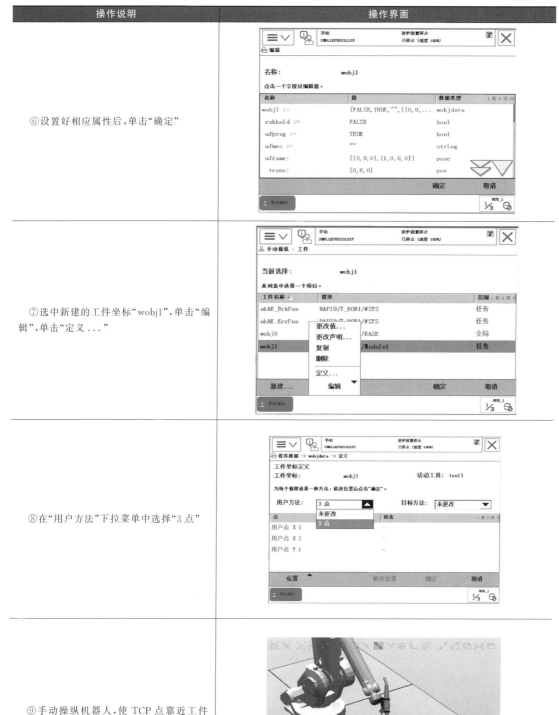
⑦选中新建的工件坐标"wobj1",单击"编辑",单击"定义..."	
⑧在"用户方法"下拉菜单中选择"3点"	
⑨手动操纵机器人,使 TCP 点靠近工件坐标的 X1 点	

操作说明	操作界面
⑩在示教器中选中"用户点 X1",单击"修改位置",记录下该空间点	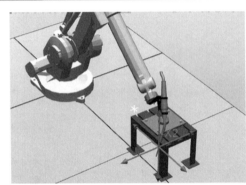
⑪手动操纵机器人,使 TCP 点靠近工件坐标的 X2 点	
⑫在示教器中选中"用户点 X2",单击"修改位置",记录下该空间点	
⑬手动操纵机器人,使 TCP 点靠近工件坐标的 Y1 点	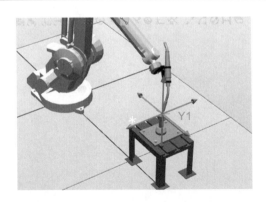

操作说明	操作界面
⑭单击"修改位置",记录下该空间点,然后单击"确定"。工件坐标系创建完成	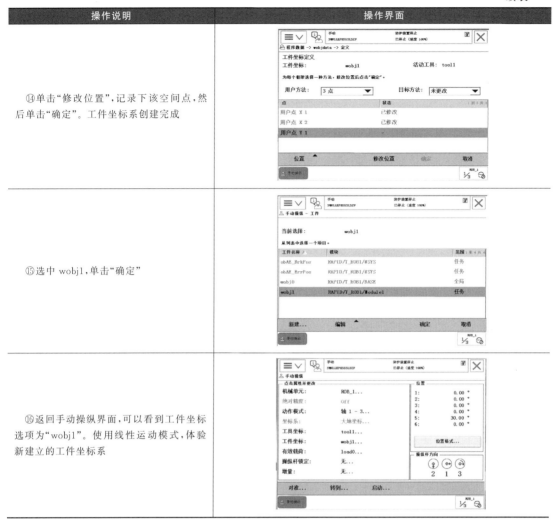
⑮选中 wobj1,单击"确定"	
⑯返回手动操纵界面,可以看到工件坐标选项为"wobj1"。使用线性运动模式,体验新建立的工件坐标系	

5.4.7　有效载荷 loaddata 的设定

对于搬运机器人,应正确设定夹具的质量、重心 tooldata、搬运对象的质量和重心数据 loaddata 等。有效载荷 loaddata 的设定步骤如表 5-33 所示。

表 5-33　有效载荷的设定步骤

操作说明	操作界面
①将控制柜上的机器人状态钥匙切换到中间的手动限速状态,在状态栏中确认机器人状态已切换为手动	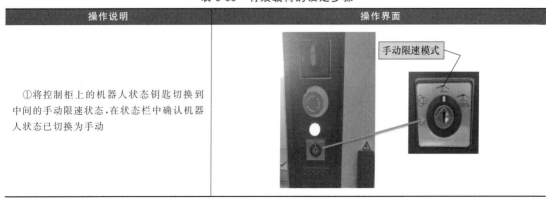

操作说明	操作界面
②在 ABB 主菜单中单击"手动操纵"	
③单击"有效载荷"	
④单击"新建…"	
⑤对有效载荷数据属性进行设定,单击"初始值"	

操作说明	操作界面
⑥对有效载荷的数据根据实际的情况进行确定,各参数代表的含义可参考有效载荷参数表	

5.4.8　工具自动识别

自动识别 tooldata 与 loaddata 需要用户自己测量工具的重量和重心，然后填写参数进行设置。这必然会产生一定的误差。工具自动识别程序 LoadIdentify 是 ABB 机器人自带的自动测量工具、夹具或搬运重物的重量、重心的例行程序。

操作步骤：

① 将机器人 6 轴回复到原点位置，该位置为测试位置；

② 在手动操纵界面选择需要被测量的工具坐标或有效载荷；

③ 任意打开一个程序，单击"调试"中的"调用例行程序"（如果该项不可用，则先移至例行程序），然后再选择"LoadIdentify"，进入 ABB 机器人自带的重量、重心测量程序；

④ 按下使能键（在实际应用中，要一直按着使能键，直到测试结束），再按下连续运行键（即播放键）。

测试中如果发现任何问题，要立刻按下示教器上"停止"按钮。这个慢速的测试过程大约会持续 10min，整个过程中都要按住"使能键"。如果低速测试过程没有问题，即可进入提示，将机器人打到自动或手动全速方式，建议打到自动方式。然后按下上电按钮，再按下连续运行键，再单击"MOVE"按钮。

测试完成后回到调用例行程序界面，单击"取消调用例行程序"，回到原来的例行程序。

参考文献

［1］ 韩鸿鸾. 工业机器人系统安装调试与维护. 北京：化学工业出版社，2017.

［2］ 韩鸿鸾. 工业机器人工作站系统集成与应用. 北京：化学工业出版社，2017.

［3］ 韩鸿鸾. 工业机器人现场编程与调试. 北京：化学工业出版社，2017.

［4］ 韩鸿鸾. 工业机器人操作. 北京：机械工业出版社，2018.

［5］ 韩鸿鸾，张云强. 工业机器人离线编程与仿真. 北京：化学工业出版社，2018.

［6］ 韩鸿鸾. 工业机器人装调与维修. 北京：化学工业出版社，2018.

［7］ 韩鸿鸾. 工业机器人操作与应用一体化教程. 西安：西安电子科技大学出版社，2020.

［8］ 韩鸿鸾. 工业机器人离线编程与仿真一体化教程. 西安：西安电子科技大学出版社，2020.

［9］ 韩鸿鸾. 工业机器人机电装调与维修一体化教程. 西安：西安电子科技大学出版社，2020.

［10］ 韩鸿鸾. 工业机器人的组成一体化教程. 西安：西安电子科技大学出版社，2020.

［11］ 韩鸿鸾. KUKA（库卡）工业机器人装调与维修. 北京：化学工业出版社，2020.

［12］ 韩鸿鸾. KUKA（库卡）工业机器人编程与操作. 北京：化学工业出版社，2020.

附录一 工业机器人操作与运维理论试题及答案

一、单项选择题

1. 在作业区内工作时，为了确保工业机器人操作人员及设备的安全，需要执行必要的防范措施，以下哪个防范措施是不正确的？（   ）

A. 在安全栅栏的入口处张贴一个"远离作业区"的警示牌

B. 在工业机器人上更换工具时，可以不必切断已装工具的电源，直接进行更换

C. 示教工业机器人前须先检查工业机器人运动方面的问题以及外部电缆绝缘保护罩是否损坏

D. 安全栏的门必须要加装可靠的安全联锁

2. 当工业机器人发生紧急情况，并有可能发生人身伤害时，下列哪个操作比较得当？（   ）

A. 强制扳动   B. 整理防护服

C. 按下急停按钮   D. 骑坐在工业机器人上，超过其载荷

3. 在工厂内，为了确保安全，需注意"严禁烟火""高电压""危险"等安全标识。当电气设备起火时，应该使用（   ）进行灭火。

A. 二氧化碳灭火器   B. 水

C. 泡沫   D. 湿衣物

4. 工业机器人系统上的标识都与工业机器人系统的安全有关。下列图标和符号中，表示"机器人工作，禁止进入机器人工作范围"的选项为（   ）。

A.

B.

C.

D.

5. 工业机器人关节包含多种类型，以下哪个示意图可以代表典型的转动关节？（　　）

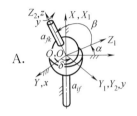

A.

B.

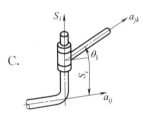

C.

D.

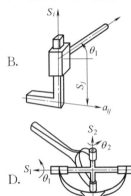

6. 自由度是反映工业机器人动作灵活性的重要技术指标。下列工业机器人中，自由度数量最少的是（　　）。

A. SCARA 机器人　　　　　　　　B. 圆柱坐标机器人

C. 球坐标机器人　　　　　　　　　D. 六轴串联机器人

7. 关于工业机器人作业范围，下列说法错误的是（　　）。

A. 作业范围的大小与工业机器人的总体结构形式有关

B. 工业机器人在执行某作业时，可能会因存在手部不能到达的作业范围盲区而不能完成任务

C. 作业范围是指工业机器人安装末端执行器时的工作区域

D. 作业范围的大小与工业机器人各连杆的尺寸有关

8. 工业机器人在执行抛光作业时，要求工业机器人末端执行器与作业对象接触并保持一定的压力。下列控制方式中适合抛光工艺实施的方式为（　　）。

A. 力/力矩控制　　　　　　　　　B. 速度控制

C. 加速度控制　　　　　　　　　　D. 智能控制

9. RV 减速器具有传动比大、结构刚性好、输出转矩高、疲劳强度高等特点，这种减速器一般应用于工业机器人的（　　）部位。

A. 腕部　　　　　　　　　　　　　B. 小臂

C. 机座　　　　　　　　　　　　　D. 以上都不是

10. 液压驱动是使用油液来驱动执行机构的，以下哪项是液压驱动的优点？（　　　）

A. 负载能力大
B. 液体容易泄漏
C. 不宜在高温或低温场合作业
D. 不宜用在高速驱动场合

11. （　　　）是原点安装在机器人末端的工具中心点（Tool Center Point，TCP）处的坐标系。

A. 基坐标系
B. 工具坐标系
C. 工件坐标系
D. 关节坐标系

12. 工业机器人的腕部可以有多种形式，主要有 R 关节（旋转关节）和 B 关节（弯曲关节）组合构成，以此实现腕部的旋转、俯仰和偏转。在下列结构示意图中，属于常见的 BBR 型手腕的是（　　　）。

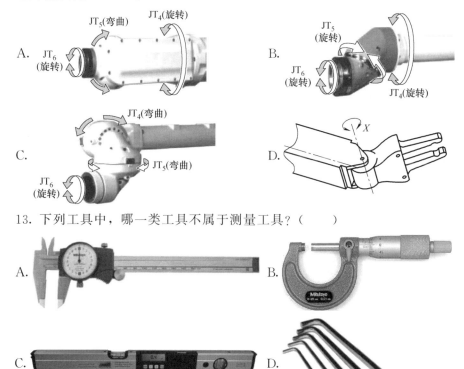

13. 下列工具中，哪一类工具不属于测量工具？（　　　）

14. 以下哪种表面粗糙度符号表示表面通过不去除材料的方法获得，保持原供应状况表面的表面粗糙度？（　　　）

A. $\sqrt{}^{3.2}$
B. $\sqrt{}^{3.2}$
C. $\sqrt{}^{3.2}$
D. $\sqrt{}^{\frac{3.2}{1.6}}$

15. 能根据气动、液压原理图正确安装气动液压零部件是工业机器人辅件安装的重要技能。下图为某气动换向回路原理图，下列说法正确的是（　　　）。

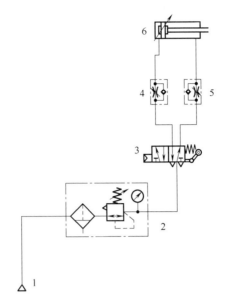

A. 气缸 6 为双作用气缸

B. 调速接头 5 可以调节气缸伸出的速度

C. 换向阀为二位四通阀，当至左位时可连通气缸的无杆缸，从而使气缸伸出

D. 调速接头 4/5 可以调节气缸伸出的压力值

16. 机械制图中不同的孔有不同的画法，下列剖视图中，能表示柱形沉孔的是（　　）。

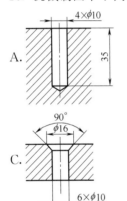

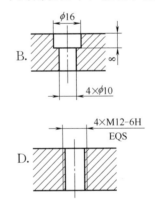

17. 以下是机械装置拆卸时的注意事项，其中描述错误的是（　　）。

A. 机械装置的拆卸要按顺序进行，不要盲目乱拆

B. 拆卸顺序与装配顺序相反，一般是先拆组件、零件，再拆总成，边拆边查

C. 为了减少拆卸工作量和避免破坏配合性质，对于进行过特殊校准或拆卸后会影响精度的部件，一般不拆卸

D. 拆卸下来的零件要放在固定盘中或平台上防止散失

18. 以下是机械装置装配时的注意事项，其中描述错误的是（　　）。

A. 装配过程中必须保证没有杂质留在零部件中

B. 装配前，为了提升装配效率，没必要对更换的新件进行质量检查

C. 装配中，无论是部件装配还是总装配，其主要工序均要进行必要的精度检查

D. 装配后应进行试运转、调整以及精度和性能检查，确认装配质量达到合格要求

19. 关于工业机器人吊装搬运过程中的注意事项，下列说法错误的是（   ）。

A. 工业机器人原则上使用行车等机械进行吊装

B. 工业机器人吊装之前，需要将工业机器人的关节轴调整到符合吊装要求的姿态

C. 工业机器人吊装过程中，需要在工业机器人与吊带贴合处用防护软垫等物品保护

D. 一般采用钢丝绳进行工业机器人的吊装

20. 工业机器人的电气连接规范与现有的设备连接规范相同，在进行电气安装时，下列说法错误的是（   ）。

A. 频繁地通断电会导致驱动器损坏，驱动器两次通电时间间隔必须在 10s 以上

B. PLC 属精密控制单元，在接触 PLC 之前需要释放人体所带静电

C. 即使控制柜的空间有限，也需要保证主电路线缆之间的间距以及弯曲半径等间距

D. 熔断器可用于短路保护，只需在主电路的外部输出回路中装上熔断器即可

21. 工业机器人语言的基本功能都是通过系统软件来实现的，下列哪个功能不属于工业机器人语言功能？（   ）

A. 运算功能   B. 通信功能

C. 翻译功能   D. 运动功能

22. 工业机器人在进行重定位（或回转）运动时，参考哪一点旋转工具姿态？（   ）

A. 法兰盘中心点   B. 当前选中的工具坐标系原点

C. 基座中心点   D. 工件坐标系原点

23. 对于工业机器人编程方法，下列说法正确的是（   ）。

A. 程序模块有且只能有一个

B. 不同程序模块间的两个例行程序可以同名

C. 程序模块中都有一个主程序

D. 为便于管理可将程序分成若干个程序模块

24. 当工业机器人的使能按钮处于（   ）时，电机处于开启状态。

A. 中间挡位   B. 未按下

C. 底部挡位   D. 以上均不正确

25. 工业机器人按照作业描述水平的高低分为动作级、对象级和任务级三类编程语言，下列说法中描述任务级编程语言特点的是（   ）。

A. 这类语言以工业机器人的运动描述为主，通常一条指令对应工业机器人的一个动作，表示工业机器人从一个位姿运动到另一个位姿

B. 这类语言对于繁琐的数学运算无能为力，只能接收传感器的简单的开关信息，与计算机之间的通信能力较差

C. 这类语言需要编程人员用程序的形式给出作业本身顺序过程的描述和环境模型的描述，即描述操作物与操作物之间的关系

D. 这类语言可利用已有的环境信息和知识库、数据库自动进行推理、计算，自动生成工业机器人详细的动作、顺序和数据

26. 数字式万用表在测量交流电压时，应该将旋钮转到下图所示哪个符号的挡位？（   ）

A. V~   B. V⁓

C. 　　　　　　　　　　　　D.

27. 为了提高工业机器人的工作效率，出现了多种编程方式，有在线示教编程、离线编程和自主编程等，以下哪个选项是离线编程方式的优点？（　　　）

A. 能够直接针对工作站现场编程，切合实际情况

B. 编程方式上手简单，适合初学者

C. 适合在仿真环境下针对复杂路径进行规划与生成，节约时间方便操作

D. 融合各种传感技术自动生成轨迹程序，相对而言更加智能

28. 操纵 ABB 工业机器人的 TCP 沿基坐标系的 Y 轴正向移动，应选择（　　　）动作模式。

A. 轴 1～3　　　　　　　　　　　B. 重定位

C. 轴 4～6　　　　　　　　　　　D. 线性

29. 以下故障中属于工业机器人机械故障的是（　　　）。

A. 传动带磨损　　　　　　　　　　B. 伺服单元故障

C. 输入/输出装置故障　　　　　　　D. 系统程序和参数被修改的报错

30. 以下电气故障中哪些属于工业机器人软件故障？（　　　）

A. 接触器内部导电片烧坏　　　　　B. 系统参数改变（或丢失）

C. 集成电路芯片发生故障　　　　　D. 工业机器人外部扩展通信模块插接不牢固

31. 在安装 ABB IRB120 工业机器人快换装置主端口时，下列哪项做法是错误的？（　　　）

A. 根据机械装配图选用合适的工具和标准件来安装快换装置主端口

B. 调整工业机器人末端法兰方向到一个便于安装快换装置主端口的位置

C. 安装定位销到法兰盘中对应的销孔中时，可以使用橡胶锤重击定位销使其固定

D. 末端执行器如果使用气动部件，则在安装完快换装置主端口后需要再进行气路连接

32. 在排除某一故障时，应先考虑最常见的可能原因，然后再分析很少发生的原因，这种排查故障的方法遵循了（　　　）原则。

A. 先一般后特殊　　　　　　　　　B. 先简单后复杂

C. 先检测后排除　　　　　　　　　D. 先定位后检测

33. （　　　）是依靠人的感觉器官并借助于一些简单的仪器来寻找工业机器人故障原因的方法。

A. 参数检查法　　　　　　　　　　B. 直观检查法

C. 部件替换法　　　　　　　　　　D. 预检法

34. 下列工业机器人的检查项目中，哪个属于日常检查及维护？（　　　）

A. 补充减速机的润滑脂　　　　　　B. 检查机械式制动器的形变

C. 控制装置电池的检修及更换　　　D. 检查定位精度是否出现偏离

35. 在工业机器人维护以及故障排除方面，除一些常用的基本方法之外，还需要整体把握基本的故障排除原则，下列原则中正确的是（　　　）。

A. 先硬件检查后软件检查

B. 先电气检查后机械检查

C. 先解决公用、普遍问题，后解决专用、局部问题

D. 先自己去现场通过敲打、检测等手段了解现场，再询问操作人员具体情况

36. 下列对于工业机器人操作人员的"四懂、三会"要求中，"四懂"对下列哪一项不做要求？（　　）

    A. 懂结构　　　　　　　　　　　　B. 懂制造

    C. 懂性能　　　　　　　　　　　　D. 懂用途

37. 工业机器人的关节驱动电动机一般不需要满足以下哪项要求？（　　）

    A. 启动转矩惯量小

    B. 调速范围宽，体积小，质量小，轴向尺寸短

    C. 控制特性的连续性和直线性

    D. 能经受起苛刻的运行条件

38. 通过检修和维修，可以将工业机器人的性能保持在稳定的状态。以下哪项是在每天运转系统时就需要进行检修的？（　　）

    A. 振动、异常响声的确认　　　　　B. 对控制装置电池进行更换

    C. 对机构内电缆进行更换　　　　　D. 对各轴减速器的润滑脂进行补充

39. ABB IRB1410 型号工业机器人的（　　）减速器需每 4000h 或 1 年注射润滑脂进行润滑。

    A. 1 轴　　　　　　　　　　　　　B. 2 轴

    C. 3/4 轴　　　　　　　　　　　　D. 5/6 轴

40. 利用部件替代法进行工业机器人故障排除时，下列哪一项是这种方法的缺点？（　　）

    A. 可快速找到故障，缩短停机时间　　B. 能把故障范围缩小到相应的部件上

    C. 使用不当可能造成人为故障　　　　D. 更换简单易行

二、多项选择题

1. 工业机器人工作站的机械图纸主要包括工业机器人及其控制系统、辅助设备以及其他周边设备，通过对工作站机械识图的学习，一般可以了解到以下哪些内容？（　　）

    A. 了解工作站的名称、用途、性能和主要技术特性

    B. 了解各零部件的材料、结构形状、尺寸以及零部件间的装配关系、装拆顺序

    C. 了解设备上气动元件的原理和数量

    D. 了解工业机器人的编程方法

2. 工业机器人控制系统的主要任务是控制工业机器人在工作空间中的运动位置、姿态和轨迹、操作顺序及动作的时间等。工业机器人控制系统具有下列哪些功能？（　　）

    A. 示教再现功能　　　　　　　　　B. 外围设备通信功能

    C. 离线仿真功能　　　　　　　　　D. 位置伺服功能

3. 工业机器人按照作业描述水平的高低，一般包含以下哪些类型的编程语言？（　　）

    A. 动作级编程语言　　　　　　　　B. 对象级编程语言

    C. 任务级编程语言　　　　　　　　D. 以上都不是

4. 安装工业机器人本体时，下列哪些要素需要着重注意？（　　）

    A. 保持工业机器人外观不磨损　　　B. 工业机器人的最大运行速度

    C. 工业机器人的跌倒力矩、旋转力矩　D. 螺栓尺寸与紧固力矩

5. 工具快换装置能够让不同的介质例如气体、液体等从工业机器人手臂连通到末端执行器，以下属于工具快换装置的优点的是（　　）。

A. 生产线更换可以在数秒内完成

B. 维护和修理工具可以快速更换，大大降低停工时间

C. 通过在应用中使用1个以上的末端执行器，从而使柔性增加

D. 安装工具快换装置前，必须将工业机器人系统断电

6. 安装 ABB IRC5 Compact 型控制柜的过程中，以下说法正确的是（　　　）。

A. 只要保证在工业机器人和 ABB IRC5 Compact 型控制柜电气连接线缆的长度范围内，对于 ABB IRC5 Compact 型控制柜的放置位置没有额外的特殊要求

B. 安装动力电缆时注意接头的插针与接口的插孔对准，并锁紧插头

C. 安装 SMB 电缆线时注意插针和插孔对准，并且旋紧接头

D. 使用一字螺丝刀锁紧工业机器人本体底座处的动力线电缆插头时，考虑到受力平衡，锁紧时需要以十字对角的顺序锁紧螺钉

7. 工业机器人的语言操作系统的基本操作状态都有哪些？（　　　）

A. 语言开发状态　　　　　　　　B. 监控状态

C. 执行功能　　　　　　　　　　D. 编辑功能

8. 电气原理图一般由以下哪几部分组成？（　　　）

A. 主电路　　　　　　　　　　　B. 控制电路

C. 检测与保护电路　　　　　　　D. 模拟电路

9. 当工业机器人出现异常振动和异响时，下列哪些措施可以有效解决该故障问题？（　　　）

A. 确认工业机器人的主电源线缆是否有破损，若有需要及时更换或修补

B. 加固架台、地板面，提高其刚性

C. 确认工业机器人机身是否有伤痕，若有需要及时修补

D. 检查螺栓是否松动，如有则涂上防松胶并以适当力矩切实拧紧

10. 按照故障性质的不同，工业机器人故障可分为系统性故障和随机性故障。以下应用场景中哪些故障属于工业机器人系统故障？（　　　）

A. 电池电量不足而发生控制系统故障报警

B. 抛光时某一位置由于施加压力过大而引起的故障报警

C. 润滑油（脂）需要更换而导致工业机器人关节转动异常

D. 焊接时由于线缆盘绕圈数过多，线缆感抗过大，致使焊缝工艺质量很差

三、判断题

1. 工业机器人系统通电中，禁止未受培训的人员接触工业机器人控制柜和示教器。

（　　　）

2. 六轴串联工业机器人末端执行器的位置由工业机器人手腕的运动来实现，末端执行器的姿态由工业机器人手臂的运动来实现。（　　　）

3. 扭力扳手是一种带有转矩测量机构的拧紧计量器具，它用于紧固螺栓和螺母，并能测出拧紧时的转矩值。（　　　）

4. 按照作业描述水平的高低，工业机器人编程语言类型可分为动作级、对象级和任务级编程语言，其中任务级编程语言实施和应用较为简单，目前已得到广泛应用。（　　　）

5. 当操作人员认为工业机器人发生故障时，应优先查看系统中的参数是否丢失，排除人为使用方式或操作方法的不当，最后才是拆机排除故障。（　　　）

参考答案：

一、单项选择题

1～5：BCAAC　　6～10：ACACA　　11～15：BCDCA　　16～20：BBBDD

21～25：CBDAD　26～30：ACDAB　　31～35：CABDC　　36～40：BAADC

二、多项选择题

1. ABC　　　2. ABD　　　3. ABC　　　4. ACD　　　5. ABC

6. BCD　　　7. BCD　　　8. ABC　　　9. BD　　　10. ABC

三、判断题

1～5：√ × √ × √

附录二　工业机器人操作与运维实操试题

模块一：工业机器人操作规范（10分）

1. 安全着装要求

2. 操作规范要求

模块二：工业机器人安装（30分）

1. 机械安装

参照工业机器人法兰端机械接口图纸，选用适当工具将快换装置主端口安装至工业机器人法兰端上。工业机器人法兰端机械接口如图2-1所示，工具快换装置主端口安装完成示意图如图2-2所示。

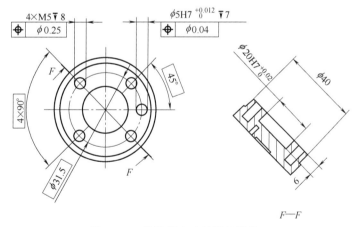

图 2-1　工业机器人法兰端机械接口

2. 电气安装

电磁阀与工业机器人基座气源接口处的气路连接已经完成，根据工具快换装置气路图完成工具快换装置的气路连接。完成气路的连接后，可通过调节对应气路电磁阀上的手动调试按钮，实现：工具快换装置法兰端与工具端的正常锁定和释放、夹爪工具可以正常打开和闭合、吸盘工具可以正常吸取和释放等功能。工具快换装置气路图如图2-3所示。

图 2-2　工具快换装置主端口安装完成示意图

将气路压力调整到 0.4MPa 到 0.6MPa，打开过滤器手滑阀开关，测试气路连接的正确性。

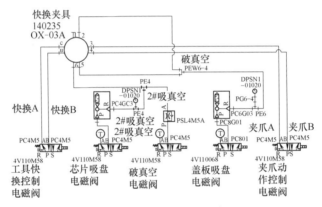

图 2-3　工具快换装置气路图

合理布置气路气管并使用现场提供的扎带绑扎气管，要求第一根扎带与接头处距离为 (60±5)mm，其余两个扎带之间的距离不超过 (50±5)mm，扎带需进行适当切割，不能留余太长，留余长度必须小于 1mm。要求气路捆扎美观安全，不影响工业机器人正常动作，且不会与周边设备发生刮擦勾连。

模块三：工业机器人操作（20分）

1. 示教器参数配置

将工业机器人 I/O 信号 QuickChange、Grip、Vac_1 和 Vac_2 配置到常用信号列表，然后将工业机器人 I/O 信号 QuickChange、Grip、Vac_1 和 Vac_2 依次配置到快捷键按键一、按键二、按键三和按键四上，按键按下功能为切换，且不允许在自动模式下使用。

2. 工具坐标系标定

手动安装涂胶工具至快换装置主端口，利用现场提供的坐标系测量辅助工具（尖端工具），选用"TCP 和 Z"方法，对涂胶工具进行工具坐标系测量。涂胶工具 Z 轴方向如图 3-1 所示。要求：坐标系名称为 Tool_Gluing，工具质量为 0.75kg，重心位置为 (0, 0, 55)，测量误差不大于 1mm。注意：测量完成后举手示意考评员，查看并记录平均测量误差，如图 3-2 所示。

图 3-1　涂胶工具 Z 轴方向示意

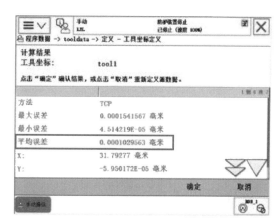

图 3-2　工具坐标系测量误差界面

模块四：工业机器人示教编程（30 分）

1. 工业机器人程序导入

利用现场提供的 U 盘，将存储在电脑的"D：\ 考核电脑文件"文件夹中的程序模块"KH.MOD"文件，导入到工业机器人系统中，并将程序模块名称修改为"KH＋准考证号后四位"（例如：准考证号为 123456789 时，名称为 robot6789）。

2. 工业机器人程序运行

① 手动安装涂胶工具至快换装置主端口处。

② 在手动模式下，程序速率调整为 50％，调试运行工业机器人系统中已经完成编写的涂胶程序 MGluing，对问题点位进行重新示教，最终实现工业机器人从 A1 处出发，沿标记上方 5mm 处进行涂胶，最后返回至 A1 处，如图 4-1 所示涂胶轨迹。

③ 确认在手动模式下涂胶程序 MGluing 运行无误后，新建主程序 main，并在主程序中调用涂胶程序 MGluing，然后切换至自动模式下运行主程序 main，程序速率调整为 30％。

模块五：工业机器人维护（10 分）

利用现场提供的 U 盘，备份工业机器人系统并存储到电脑的"D：\ 考核结果文件"

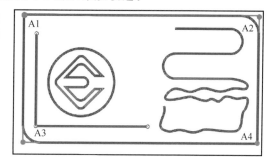

图 4-1　涂胶轨迹

文件夹中。要求备份文件名称命名为"robot＋准考证号后四位"（例如：准考证号为 123456789 时，名称为 robot6789）。